U0677835

曾仕强
国学智慧系列

不生气的活法

曾仕强——著

四川人民出版社

图书在版编目（CIP）数据

不生气的活法 / 曾仕强著 . -- 成都：四川人民出
版社，2019.1（2021.11重印）
（曾仕强国学智慧系列）
ISBN 978-7-220-11099-3

Ⅰ . ①不… Ⅱ . ①曾… Ⅲ . ①情绪－自我控制－通俗
读物 Ⅳ . ① B842.6-49

中国版本图书馆 CIP 数据核字 (2018) 第 260473 号

BU SHENGQI DE HUOFA

不生气的活法

曾仕强著

责任编辑	冯 珺
特约编辑	任红波
封面设计	新艺书文化
版式设计	王杨帆
责任印制	张 辉

出版发行	四川人民出版社（成都槐树街 2 号）
网 址	http://www.scpph.com
E-mail	scrmcbs@sina.com
新浪微博	@ 四川人民出版社
微信公众号	四川人民出版社
发行部业务电话	（028）86259624　86259453
防盗版举报电话	（028）86259624
照 排	王杨帆
印 刷	北京晨旭印刷厂
成品尺寸	160×230mm
印 张	12
字 数	128 千字
版 次	2019 年 1 月第 1 版
印 次	2021 年 11 月第 2 次印刷
书 号	ISBN 978-7-220-11099-3
定 价	49.80 元

■ 版权所有·侵权必究
本书若出现印装质量问题，请与我社发行部联系调换
电话：（028）86259453

目　录
Contents

第三章　用理智来指导情绪

第四章　自己才是情绪的主宰者

第五章 人要"看开"，不要"看破"

　　有些人现在很爱生气！为什么这么说？在拥挤的公交车上，我们听惯了谩骂之声；在车水马龙的公路上，我们看多了两车追尾司机吵架，甚至大打出手。有些人的情绪似乎发展到了一动就怒、一点就着的程度。

　　其实，人的一生都和情绪有关系，一生都要同它打交道。比如小孩子一开始就懂得他要会哭才有人照顾，如果不会哭，根本就没有人理他，甚至会把他忘记。对孩子而言，哭是一种工具，因为他们还不会说话，所以要用哭来吸引大人的注意力。平时谈到情绪，很多人都会往负面的方向去想，比如："你看，又闹情绪！"好像情绪都是不好的。其实，情绪没有好坏之分，它只是人们对环境的一种反应。环境指的是什么？以前人们认为外界的事物才是环境，比如山水、天气、道路交通等。其实，人内在的东西也属于一种环境，即人对自己也是一种环境。

　　任何环境都是会变动的，那些看得见的、看不见的以及外在的、内在的任何变动都会使人产生一种反应。比如当一个人饿的时候，看到很普通的一张大饼，他的肠胃就会蠕动，他会流口水，吃大饼的时候会觉得很香；但是当人酒足饭饱之后，给他吃山珍海味，他也会觉得没什么味道，甚至会因为吃得撑了而感觉到恶心、难受。这些都是情绪。

有情绪，并不一定是坏事，关键看我们如何管理自己的情绪。什么是管理？管理一定是有方法的，没有具体的方法不是管理；管理一定是有效果的，如果做了半天没有效果也不是管理。很多人认为情绪不能管理，认为"我就是这个脾气，我没有办法，我想改就是改不了"。其实，人可以管理情绪，因为情绪跟别人没有太多的关系，它完全是人自己在决定，相比其他事情，人在管理情绪方面的自主性更高。比如，别人如何泡茶，那是别人在决定；别人如何配置自己的电脑，那也是别人在决定。可见，情绪是人本身的一种反应，是可以控制的，也是可以管理的。

第一章

人为什么爱生气

为人处世最要紧的是管理好自己的情绪，中国人的管理也叫作"修己安人"，修己就是要把自己的情绪稳定住。

●●● 第一节　人为什么爱生气

情绪变化特别大

情绪起伏大

情绪为什么会起伏？因为外界的环境、人自己内在的感受随时都在变化。有些人最爱生气，只要感觉到不对就会发泄出来，很难忍耐。

疑心重

有些人疑心很重，别人相信"眼见为实"，看到什么都会相信，他们却不一样，看到什么都不相信，因为他们觉得一相信就会上当，会对自己造成不利的影响。比如有一种热水器，它贴上了"检验"的标签，有的人就相信它真的被检验过，是合格的；而有的人就会认为热水器如果不合格的话，会爆炸，将危及自己的生命，他们会对这个商品是否真的合格持怀疑态度，会去找足"证据"，然后再去慢慢相信，最后才去购买使用。其实，这种现状是有些人疑心过重造成的。

不过，如果一个人无条件地相信别人，其实他也是不怎么高明的，而且是鲁莽的，他没有考虑到自己的安危。

不过，如果一个人无条件地相信别人，其实他也是不怎么高明的，而且是鲁莽的，他没有考虑到自己的安危。现在，有一些儿童甚至大学生被拐卖，就是因为他们太相信别人了。

警觉性高

从另外一个角度来讲，疑心重也说明警觉性高。比如那些被拐卖的人，如果对陌生人警觉性高一点，可能就不会被人骗走了。有些人警觉性高，还表现在他们比较敏感。别人明明没有这个意思，可是他们就能听出很多意思来。

比如有的讲师在开始讲课时会说"这次要讲的"，用到了"讲"这个字；而有的讲师会说"这次要跟各位聊一聊"，有人就觉得"聊"表示讲师的东西根本不成熟；还有的讲师会说"跟各位谈一谈"，有的人就认为他要说的是很严肃的一个课题；但是有人说"这次要教各位……"，听的人心里就会犯嘀咕："你教我？我教你还差不多。"

所以，每一句话，都会引起人们不同的情绪反应，但是平常大家很少去注意这些。现在，大家在平常说话的时候就要小心、谨慎，用词要特别注意，不能说喜欢怎么讲就怎么讲。因为一个人只要发出信息，别人经过解读，就会有不同的反应，进而对发出信息的人产生很大的影响。

很容易发脾气

能屈能伸

为什么有些人爱发脾气？因为他们的个性中有四个字——能屈能伸。有些人在这方面的弹性是非常大的，而就是因为弹性大，情绪起伏才有高低，比如当发现情况不利于自己的时候，他们特别能忍耐；但是等到形势稍有好转，他们又会觉得自己是世界上最了不起的人。

有的人觉得带领某些人工作很难，就是因为这些人很会"耍大牌"。如果这个人处在弱势，没有办法反抗的话，他就会乖乖地听别人的吩咐，

> 有的人觉得带领某些人工作很难，就是因为这些人很会"耍大牌"。

等到稍微有点能力,他就会"耍大牌"。有些人特别强调要"守分"，就是因为某些人非常不守分，稍微有一点成绩就会自我膨胀：谅你也不敢把我怎么样。比如儿子没有什么出息，他就会很听父母的话，因为这样可以要钱花；儿子功成名就之后，就会觉得父母其实混得也不怎么样，有人就开始给父母气受了。所以中国人才要讲伦理，没有伦理的话，父母斗不过儿子，儿子就神气了。

有些人总觉得别人对自己不公平

有的人认为别人不应该这样对待自己，别人这样对待自己就是不公平。什么叫公平？西方人的公平是大家都一样；中国人的

公平是"我特殊"，因为每个人所处的位置不一样。比如老板出去的时候，一定要找几个人陪他，而且他走中间，讲话的声音也和别人不一样，就是为了表示他是老板，让别人不要小看他；还比如在餐厅或别的一些公共场合，有的人讲话声音很大，他其实只是在对外发出一个信号：我是个了不起的人，你不要小看我，你不要惹我，否则我会生气。所以，有的人只是在对外发出上面所说的那种信息而已，没有什么内容可言。

一个人讲话声音很低，很可能是他目前的形势不如别人；而有的人讲话声音特别大，就是因为他目前过得很得意，目中无人。所以，中国人可以大声讲话，也可以小声讲话，大家要去好好了解，好好运用，然后来保护自己。

自尊心很强

人是应当自尊自爱的，一个人只有自尊才能获得别人的尊重。自尊也是人格的一部分，没有自尊就不能称为是一个正常的人、一个健康的人。现在，很多专家、学者也提倡老师和父母多对孩子进行鼓励、表扬。但是，像世间万事万物一样，人的自尊也是有限度的。一个人的自尊心过强，反而会成为这个人的弱点。因为自尊心过强的人，不能清楚认识到自己的长处和缺点，害怕失败，害怕比别人差，总想得到称赞，十分"要面子"。

有些人的自尊心很强，害怕被别人轻视。他们天不怕地不怕，就是怕被别人看不起。所以有困难，他们也会憋在心里不说出来。一个人承认钱很重要，但如果没有钱的时候他又觉得钱不怎么样。

比如一个穷人看到一个富翁，他会想"你不过有几个臭钱而已，神气什么！"这是属于自己"骗"自己的一种行为，这种行为可以激励他去努力工作赚钱，但是也会让他"嫉妒"，甚至发展到去偷、去抢。所以，大家要注意关照自己的内心世界，让自己有适度的自尊心。

喜欢自作主张

有些人很喜欢自作主张，有空子就钻。比如商场里有紧急通道，平常是不让人走的，可是有人就是要从那里走，如果不让他从那里过，他就开始发脾气。大多数人不会这样，他们一般都很守规矩，没有这么多自作主张的表现。

比如有些餐厅及其他服务场所，有一条规定是：不能够对服务人员不礼貌，否则的话会被赶出去。他们认为一个人在酒店消费，如果因为让酒店赚几个钱就大惊小怪、搞得大家不安宁，酒店里的人就可以把他赶出去。

生气时不讲理

很多人还有一个比较让人"害怕"的地方，就是生气的时候完全不讲理。比如一个人平常很讲道理，但是有一天突然不讲理，如果别人问他："你怎么不讲理呢？"他会说："你把我气成这个样子，我还讲理？！"也就是说"我不生气就讲理，一生气我就不能讲理了"。

但是有些人由于长期的伪装和压抑，几乎二十四小时都在生气，所以他永远不讲理，这是很多人一辈子都没有弄懂的问题。如果情绪好，平时有什么事大家都会讲道理，很快就会达成默契，很好商量，一切都会有共识；但是情绪不好的时候，就连神仙来了都没有用，彼此之间很难商量事情。

所以，有些人刚见面时是不太谈正经事的，大家会寒暄，说些"你最近脸色越来越好""你的这件衣服真漂亮"之类的话。其实这就是情绪管理，只是有很多人不了解。因为寒暄几句，可以让对方情绪稳定，这时候再来谈工作就会很有效。

如果一个人单刀直入，见面就谈工作，别人就会觉得不太舒服。西方人是以工作为导向的，一见面就会谈工作；而很多中国人都是一见面先不谈工作的，因为那会儿谈工作没有用，根本没有人听。比如你碰到一个人，问他那个表填好没有，他嘴巴可能会跟你讲好、好、好，但是他心里可能会想：你自己不会填呀，一定要我填？我手痛你知不知道！所以，不要见面就谈工作，那样起不到什么作用。

中国人的管理也叫作"修己安人"，修己就是要把自己的情绪稳定住。但是现在很多领导者的情绪不稳定，如此一来员工也会跟着不稳定。安人就是让对方情绪稳定——自己稳定，别人稳定，大家都稳定，事情就很好商量，然后大家很快把力量集合起来，把事情做好。

> 安人就是让对方情绪稳定——自己稳定，别人稳定，大家都稳定，事情就很好商量，然后大家很快把力量集合起来，把事情做好。

●●●● 第二节 四种因素影响情绪变化

为人处世最要紧的就是管理好自己的情绪，所以在一切管理中，情绪管理第一优先。那么，情绪究竟受哪几种因素影响呢？

情绪是一种反应，它有很多表现形式，比如高兴、伤心、兴奋、惊讶、愤怒、沮丧等。情绪的产生有不同的原因，只有了解原因，才有办法去管理情绪。情绪主要受四种因素影响，分别是主观感觉、生理变化、表情动作与行为冲动。

主观感觉对情绪的影响

一个人看到一朵花会很高兴，另一个人看到这朵花也许会不高兴；一个人看到烧饼很想吃，另一个人也许不想吃。对于不同的人来讲，对同一事物所产生的反应，大部分是不一样的。比如一个人很喜欢喝咖啡，他认为别人一定也喜欢咖啡，所以请别人一起来喝，结果晚上他睡着了，别人还在那里瞪大眼睛不能睡觉。人与人的反应是不一样的，这是很主观的。

> 对于不同的人来讲，对同一事物所产生的反应，大部分是不一样的。

主观的感觉是很明显的，一个人生气或者喜悦都是个人的事情，与别人没有什么关系。有时候一个人很高兴，别人也许还不太高兴呢。

案 例

　　有一个企业家赚了钱，请父母去吃饭，但是父母坐在那面无表情，一句话都不说。别人就问他父亲："你儿子对你这么孝顺，赚了钱请你吃饭，你怎么还不高兴？"他父亲说："没有这回事，他是在炫耀给别人看——我能赚钱，有本事请父母吃好的。他根本不是孝顺我，而是把我当工具拿来炫耀。"别人问他为什么这样讲，他父亲说："他一进来就跟我讲，爸，这里的菜很好吃，我常来。他常来，结果到今天才请我！那不是没把我放在心上吗？怎么是孝顺我呢？"

　　儿子请父亲去吃饭，一定要和父亲说这家餐厅自己也是第一次来，因为听别人说这里的菜做得很好，所以带你们二位来尝尝。这时父亲一定会说好，每一道菜都会说好吃。

　　另外，大家最好不要告诉别人哪个电影很好，让他赶快去看。凡是有人告诉你哪一个电影好，你去看多半是失望的——因为期望值很高。有些人就不会这样做，如果有人问他一个电影好不好看，他会让那个人自己去看，而不是剥夺别人评估的能力；如果别人问他值不值得看，他会告诉别人还可以，可以去看看，或者说除非现在没事做，否则不必看。他不讲它的好与坏，因为那是每个人主观感受的事情。

　　即使是面对相同的情况，每个人的反应也是不一样的。千万不要自以为是，认为自己这样想，别人一定也这样想，因为人各有各的反应，大家要彼此尊重。

生理变化对情绪的影响

有的人体质比较敏感，有的人体质很健康；有的人下午喝咖啡晚上就睡不着，有的人晚上喝咖啡照样睡得很香。体质不同，生理的反应也是不一样的。

人为什么会有不同的情绪反应？这主要是因为每个人身体的内分泌状况不一样，神经系统的反应也不一样。人类身体疾病的主要原因就是紧张，可是在日常生活中，大家偏偏放松不了。人有自律神经，自律神经自己会动，而不是人可以完全控制的。这个神经有两大部分，就好像阴阳一样，一个叫作交感神经，一个叫作负交感神经。当一个人很兴奋的时候，自律神经会让他稍微冷静下来；当一个人很激动的时候，自律神经又会让他缓和下来，它自己会调整。所以，人所能做的就是让自己的调整合理化，而不是说完全没有负面反应。

一个人做到完全不发脾气，是不太可能的，也没有必要。人不能压抑，压抑是不能解决问题的，压抑会使某一次的爆发更严重。身体里面也是一样的，如果一个人经常是"想发火就忍住"的状态，迟早有一天，他的内心会"爆"掉的，到时候什么办法都不能解决问题。人的血压会增

> 一个人做到完全不发脾气，是不太可能的，也没有必要。人不能压抑，压抑是不能解决问题的，压抑会使某一次的爆发更严重。

高，心跳会加快，呼吸会急促，瞳孔会放大，这些都属于内分泌与自律神经自动的反应。有时候人全身都会起鸡皮疙瘩，有时候感觉到后边老有个阴影在那里，这些东西与消化不良其实是一样的状况，没有什么神秘的。生理变化是很自然的，人饿了就有饿的感觉，饱了自然有饱的感觉。

表情动作对情绪的影响

现在有的人表情越来越夸张，这对他们是不利的。比如看到一条蛇，有人会说"吓死了"，别人会笑他，不会同情他："为什么看见一条蛇，他会怕成那个样子？他很娇贵？"人的表情动作会给别人不同的观感，引起大家不同的情绪变化。

对于表情动作，大家比较容易看得出来，因为某些表面的状态是全世界都一样的。比如认为对的时候大家一般都会点头，不对的时候会摇头；饿的时候脸色会发青，手脚会发抖……可是后天的教育和文化的影响，全世界基本都不一样。

比如你送美国人红包或礼物，他会当面打开，并且会表示出自己的喜悦。中国人不会这样做，中国人收到红包，一定会放进包里，回家偷偷地看，绝不会公开看。这就是后天的文化影响不同造成的。

后天影响所表现出来的方法也不一样。比如西方人容易把喜怒哀乐都表现在脸上，中国人就不喜欢这样子。而且一般官越大的人脸上越没有表情——职位越高，他越知道自己内心的活动不要让别人清楚、要保持一种神秘感。

一个人内心有什么想法，马上表现出来，其实对自己是相当不利的。比如一个大学生刚毕业走上工作岗位，他很可能会直言自己所看到的现象，他会说这个同事今天穿的衣服很没有品位，或者说领导的意见是错误的，或者认为老员工的工作方法过时了……有的人会认为他很天真，但是有的人就会认为这个人没有修养，不愿意去培养他，如此一来，这个大学生的进步就会很慢。

很多情绪是教育所造成的，但是全世界的教育是不一样的。比如美国人认为一个人有话就说是有能力就表现，中国人很多时候会认为这个人是爱"出风头"。

中国人说有才能不能随便表现，有话不能随便讲出来，其实是有道理的。一个人，既不要不表现，也不要乱表现，只有适当地表现才是比较合理的。

行为冲动对情绪的影响

人一旦有冲动的行为，结果就是两个字：后悔。比如一个人骂完人以后，就开始后悔：万一他打我怎么办？我出去他揍我怎么办？万一他叫人来报仇怎么办？冲动，最后受到威胁最大的就是自己。而一些好的行为对人的情绪也会有正面的影响，比如有的教师通过研究总结就发现，教师的赏识行为可以很好地缓解学生的焦虑情绪，所以他们通过赞赏、激励学生，让学生的情绪稳定，从而不再害怕考试。

●●● 第三节　情绪反应为人们敲起警钟

情绪没有好坏、优劣之分

　　情绪是一个警讯、一个警示灯，当一个人觉得自己要"爆炸"的时候，情绪就在提醒这个人：自己肯定是在什么地方出了问题。情绪没有好坏、优劣之分，它只是告诉人们：你的反应有点问题。如果一个人有这样的警觉性，他就知道该怎样去调整自己。当一个人拿起杯子要打人的时候，他只要有警觉性：打出去看起来是自己占便宜，其实最后是自己吃亏。这个人就会把杯子拿来喝一口水，然后轻轻地放下，整个事情的结果就会改变。

情绪促使人们正确因应内外情境

　　情绪能给人一种警醒，它在提醒人们要注意什么。一个人如果有这样的观念，他很快会改变自己。比如当一个人脸色很难看时，别人就知道自己要小心一点，不要冒犯他，因为这个时候火上浇油会很吃亏。

　　任何一种情绪反应，你都要认为它是在提醒自己要怎么去做才正确。比如说一个人肚子很饿，看到很香的包子，自然就想伸手去拿来咬一口。可是当他伸手出去的时候，他会开始想：肚子饿只是一个警讯，我能不能这样做还要考虑考虑，应该先招呼别人一起吃，然后我才可以动手，否则的话，会引起很多人的反感，对自己以后很不利。任由情绪主宰人的一切，后果可能十分严重，所以，大家不能不动脑筋就让情绪自然地反映出来。因为结果有时候好，有时候不好；有时候对，有时候错，而最后的结果都要由自己来承受。

人的情绪有大的、明显的，也有小的、经常被人忽略的。如果大家能够把这些都当作是一种警讯，就好像在过马路的时候，刚刚亮黄灯，大家也会做些动作一样，会考虑该不该刹车、有没有地方停、要停在什么地方，这样就不会措手不及。但是很多人现在没有警示灯的概念，高兴了

> 人的情绪有大的、明显的，也有小的、经常被人忽略的。如果大家能够把这些都当作是一种警讯，就好像在过马路的时候，刚刚亮黄灯，大家也会做些动作一样，会考虑该不该刹车、有没有地方停、要停在什么地方，这样就不会措手不及。

就手舞足蹈，不高兴了就给别人脸色看，这是很不好的。之所以会如此，有的人是从小受父母影响的，比如爸爸不高兴就拍桌子，妈妈一生气就拉长脸等。

案　例

有个外国人，三十多岁了，有两个小孩。他爸爸像他这个年龄的时候，就开始跟他妈妈讲，说肩膀酸、腰痛，让他妈妈揉一揉。他现在也开始同妻子讲，肩膀酸、腰痛，让她揉两下，这是难免的。人们往往认为遗传好像只是体

质上的遗传，其实习惯也会遗传。一个人从小看爸爸怎么样对待妈妈、妈妈怎么样对待爸爸，他长大后，很自然也会有那种反应表现出来。

其实这不是好现象，因为每一代人所处的环境不一样，一个人不可能与自己的父辈一样。这个外国人就是没有这种警戒的观念。他应该想：自己现在才三十多岁，爸爸这个年龄的时候腰痛是正常的，现在腰痛就不正常，因为现在营养好，卫生也好，情况不一样了。想到这里，他就应该会调整。

人最需要的就是情绪管理，情绪稳定下来，什么话都好谈；一旦情绪管理不好，那就什么都不要考虑。一个人要做任何事情，先把自己的情绪处理好，然后再说其他的，这样做事才有效果，否则就会白忙一场。

●●●● 第四节　情绪有理性和非理性两大类

非理性情绪有两大类：夸大与不符合实际

人有理性的一面，也有非理性的一面。非理性情绪有两大类，一个叫作夸大，一个叫作不符合实际。两者是互相有连带关系的：

一夸大，事情就会不符合实际；不符合实际，就是因为夸大了。人们对自己的事情经常夸大，对别人的事情经常"缩小"。有人自己摔一跤，就觉得不得了，是天大的事情；别人摔一跤，他又会觉得没有什么了不起的，爬起来就是了。人们对自己与对别人是双重标准，有些领导对自己的下属也是双重标准。

案 例

　　有个员工发现工厂车间角落有火花，赶快拿一桶水把它浇灭了。他有没有功劳？答案是"不一定""很难讲"。为什么连这种事情都难讲？因为如果领导对他印象很好，就会觉得他是有功劳的——星星之火可以燎原，小小的火花如果不及时扑灭的话，可能会酿成很大的火灾；如果领导对他印象不好，会觉得这个员工真是大惊小怪，小小的火花用一桶水干什么，吐一口唾沫它就会灭掉，那这个人就完全没有功劳。

　　如果没有拿捏好"度"，小小的病就会被夸大，到最后把自己压垮了。所以中国人主张：有病要看病，但是看完病要忘病。有病不看病是不对的，看了病就常常觉得自己有病，也是不对的。有病要去看病，看完病该吃药就吃药，把病忘记，不值得一提，这才是健康的人。

　　有些人经常把自己的经历夸大得很离谱，表示"这事如有神助""我和别人不一样""我是天生的骄子"，其实大家听了之后感当一个人说话不切实际的时候，人们就会觉得很担心、很害怕，就对他越来越不信任。而一个人不被别人信任的时候，他是很痛苦的，这会产生信任危机。

觉并不是很好。当一个人说话不切实际的时候，人们就会觉得很担心、很害怕，就对他越来越不信任。而一个人不被别人信任的时候，他是很痛苦的，这会产生信任危机。因此人们需要让自己的情绪稳定，首先要实话实说。但实话实说不是直话直说，而是讲话要实在，表达要委婉，要让别人听得进去。

"一定"是非理性

"一定"是非理性的表现，因为当有"一定"的概念时，当说"一定"这两个字的时候，你已经把事情夸大了。人们经常用"一定"来制造很多痛苦，但是人们又很喜欢听"一定"这两个字。比如有人找你合伙投资，如果他告诉你，这件事情是有相当风险的，你要好好考虑，愿意承担这个风险再加入，你会去吗？如果他说这次肯定百分之百赚钱，今天不来明天就后悔，那么你才会去的。所以说人们深受"一定"这两个字的害。

天下事情都是不一定的，凡是"一定"的都经过夸大。在十几年前，当气象台预报今天一定出太阳的时候，它经常是下雨的；当预报今天一定会下雨，它经常是出太阳的。所以气象台最合适的预报是：明天的天气，晴间多云偶雨。各种天气状况全都包括，它一定是对的。为什么气象局的仪器那么精密，科学那么发达，它还经常报错？这绝对不是故意的。气象台的人一定是很认真、很负责的，只是当他们测定了天气情况以后，气象还持续在变化，而计算能力跟不上，所以测不准。当你做好计划的时候，你也要知道，计划很周全、很周密，但是计划定下来就开始有变化了。"不一定"才是真的，"一定"就是夸大、不符合实际的。所以，当别人告诉你"一定"的时候，如果你想到"不一定"，就不会失望了。比如当别人要同你合伙的时候，你就要想：自己承受得了把这些钱丢掉的风险吗？如果可以就合伙，如果不行就斟酌。当别人向你借钱的时候，你就要考量：这个钱借给他，就等于是丢掉，自己愿意吗？承受得了吗？如果能承受就借给他，不能承受就拒绝。很多事情做不做完全靠人自己的观念取舍。

有的人明明知道"一定"是不可能的，但还是非常喜欢"一定"，这是夸大、不切实际、非理性，这是人们自己找的。有人娶一个妻子，说她一定会和自己白头偕老，她一定不能生病，她一定会到处帮助自己。有这种人吗？比如婚前体检样样都好，什么都对，结果结婚的第二天一出去，人被车子撞死了，那又能怎么样呢？天有不测风云，人有旦夕祸福，未来就是不确定的。尤其现在，世界上的事情越来越不确定，所以大家不要有"一定"的观念。

"受不了"是非理性

"受不了"其实也是夸大。有些人淋了几滴雨，就觉得不得了，会感冒什么的；有的人摔破一个茶杯，就觉得不得了，天要塌了。夸大自己的预期要求，夸大自己出乎意料的承受，那就叫作"受不了"。

　　有一次我们几个人到郊外去野餐，吃了不少的龙眼，然后我就想去洗洗手，顺便方便一下。厕所在比较偏僻的地方，我没有惊动大家，一个人过去了。当我一脚踏进男厕所的时候，发现有一条和我的腿差不多粗的蛇看着我。如果我说"我受不了了"，我就真的会被它吃掉，因为只要我一动，它马上就会出来把我缠死。但是我知道凡是看到这种野生的凶猛动物，人一定要冷静，最好的办法就是装死，因为它不吃死的东西，于是我就"死"在那里，然后它对我没有兴趣了，"哗"一下就走了。它走后，我稍微喘口气，也赶快走了。如果我的反应是"我怎么运气那么不好"，我就完了。

　　其实没有什么受不了的，受不了就是大惊小怪，表示你和别人不一样，表示你一定要享受特殊的待遇，这些都是不好的。

"以偏概全"是非理性

　　"以偏概全"也是人们常见的非理性的一种情绪反应。比如有人说：我连这种事情都做不好，我看我完了。怎么会完了呢？你只是这件事情做不好，怎么会完呢？人们对自己的期待太高，对自己的要求太苛刻，自己的情绪就不可能稳定。

　　有些人也很喜欢从小的方面去看大的方面，从细微的地方去看显著的地方，这没什么问题，但是从细微的地方就断定一个人一定是什么样，也是不对的。因果论不是指有就有，有什么原因一定会产生什么结果，而是指一个原因可以产生好几个结果。比如：你好好努力可能成功，你好好努力也可能不成功。一个"因"有好几个"果"，这才是实际的状况。一个"因"一定有一个"果"，那是不切实际的。

> 有些人也很喜欢从小的方面去看大的方面，从细微的地方去看显著的地方，这没什么问题，但是从细微的地方就断定一个人一定是什么样，也是不对的。

现在的教育大家越来越重视"果"：没有绩效你就是不对，结果不好你就是不行，考不及格你就是没能力。现在所有的考核，都是重果不重因，结果就是把好人都逼走了。

"糟透了"是非理性

当一个人去看病时，医生也许会告诉他：你可能有点高血压、你的牙齿有点问题……那他会觉得简直不得了，糟透了，好像世界末日一样；可是过了一阵子，没什么事发生，他就会忘记。人都是自己给自己制造压力，别人没有办法给他制造压力。

比如人年纪大了，生病的次数就会多一些，每一次生病，总有些人会担心："哎呀，我怎么这么倒霉；哎呀，我是不是要死了。"但是有些人会这样想："老天要我回去，我就回去；老天要我留下来，那我就过一天算一天。"这样想的人往往活的时间更长。如果觉得"不行，年纪大了要补一补……"最后只有害自己。维生素是身体需要多少就给多少才有益，否则的话就会中毒。

有一个台湾人很有钱。有一天他不舒服，就去拍X光片，结果医生发现他身体里面有一个很大的瘤。后来这个人去美国做手术，一开刀才发现那个瘤是胶囊累积起来的东西——现在很多药都用胶囊去包，他一个一个地吞，吞了太多胶囊，结果就生出了"胶囊瘤"。

天下本无事，庸人自扰之。一个人只要每天过正常的生活，就不会有那么多的问题。

所以，夸大到最后是吓唬自己。夸大到一定程度，人就会受不了，有很大的压力，然后开始怨天尤人，最后造成精神崩溃，整个人垮掉，什么事都不能做。

夸大也好，不切实际也好，都是不合理的，都是非理性的。人们非理性的情绪，就是从这里产生的。老子提倡"中庸之道"，中庸，就是"差不多"。很多人讨厌"差不多"，其实"差不多"就是最好的东西，差不多就是不能差太多。什么事情做到差不多，不求全，不全满，就是最好的。

世上没有十全十美的事，但是有人偏偏要求十全十美；虽然知道再怎么周到一定会出差错，但是有人就不容许出差错。无知导致人们产生很多的问题，观念不正确让人们产生很多的烦恼，现在应该把它扭转过来了。

理性情绪并非不动感情

中国人没有西方人那么理性，也没有日本人那么感性。中国人是非常特殊的"情性"。为什么叫作情性，因为中国人非常重感情，会用感情来表达自己对别人的关心。

西方人是很重视礼貌的。比如见到一个人，西方人会问他：今天好吗？近来好吗？会请他坐下。但中国人不一样，中国人看到一个人，会先看看他状况怎么样。如果他全身湿淋淋的都是雨水，中国人就会赶快拿一块干毛巾给他擦一擦，把他的衣服晾起来，实在冷的时候，还会借他一件衣服；或者会直接给他倒一杯热茶，让他暖暖身子。即中国人的行为会给别人产生一些实际的作用，对别人有一些照顾，让别人心里感觉很温暖。其实，这才是大家所需要的。

人而无情，何以为人

中国有一句老话叫作"人而无情，何以为人"。人而无情，基本上就不足以为人，所以不管怎么谈理性，一定要保留感性。一个人不管是喜悦、高兴，还是悲哀、烦躁，都是很自然的事情，不用跟着别人去体悟，也不用嫉妒别人。很多人会嫉妒别人的快乐，嫉妒别人的成功，嫉妒别人的长处，越嫉妒心里越难过，结果产生了很多后遗症。

但是有些人很容易感情用事，那也是不正常的，他们需要克制人一定有喜怒哀乐，发出来恰到好处，自己就心安理得了，过分的话一定不好。

到合理的程度。而中庸，就是人发出来的情绪和感情都很合理。人一定有喜怒哀乐，发出来恰到好处，自己就心安理得了，过分的话一定不好。比如吃饭吃到七分饱、八分饱就可以了，身体也很健康，如果吃到九分十分就会撑着，对肠胃不好；还有很多人节食，到最后人太瘦了，没有抵抗力，一点小病也会变成大病。人不能太胖，太胖心脏负荷太重；人不能太瘦，太瘦的话，一旦生病，一点抵抗力都没有。大家应该合理地胖、合理地瘦。

过与不及都会引起别人的反感，所以要适可而止，差不多就好。一个学生太过认真的话，所有同学到最后都不同他讲话了，因为他认真到了"较真"的程度，别人都怕他在自己身上找毛病。有时成绩好的人会很孤单，而且很多学习好的人出去都找不到工作。

比如在公司里面，有一天领导对你说你表现很好，让你推荐几个同学来公司帮忙。你回去就开始想这件事情，你想到某某就会摇头，因为你觉得他成绩好，他一来自己就不受老板器重了，于是他就没有机会了。没有人会笨到专门找一个强过自己然后把自己"干掉"的人。这些想法其实没有好坏之分，因为这是人之常情，人要保护自己，要让自己有安全感，不会拿石头去砸自己的脚，不会找人来使自己受害。

接受并顺应人的天性

大家不但要接受而且要顺应人的天性。天性就是先天带来的一些人性的基本表现。比如爱抄近路、喜欢安逸、喜欢简单、害怕麻烦、想避免痛苦等。麻醉药的发明就是为了减少病人做手术时的痛苦，因为人的天性是"怕疼"的。现在提倡"人性化服务"，一些产品的设计也越来越趋于人性化，就是把人的天性放在第一位，让人使用产品的时候更方便、更愉快。

还有的人喜欢抄近路，比如一个商场门前是一大片草坪，两边的道路又离商场门口特别远，肯定会有人要踩草坪，那是道路规划有问题，所以设计者在设计之初就应该想到要在草坪中间铺几条鹅卵石路，方便大家行走。据说当初迪士尼的设计者为最终确定乐园内部的道路安排费了很多周折，他们在乐园里种满了青草，提前开放迪士尼乐园，后来草地被游人踩出许多小路，宽窄各异，非常自然，于是设计者根据人们踩出的痕迹铺设了乐园的道路。

自律是情绪管理的要务

有问题困扰是正常的，没有问题的时候人更要提高警觉，其实人活着就会产生各种各样的问题。有感情是良好的，但是不要感情用事，要自律。

自律是情绪管理的要务，没有人生下来就会自律。人是天生的破坏者，大自然就是人类破坏的。如果父母不在家两个小时，三四岁的小孩就会把家里搞得一塌糊涂，这很正常。如果谁家三四岁的小孩趁大人不在家把家里收拾得整整齐齐，反倒会让人大吃一惊，除非他受到教育，除非他懂得自律。

人一定要努力学习，养成好习惯，这是每个人都要做的。一个人不懂得管理自己，碰到事情会拖拖拉拉，不敢吃苦，他就永远长不大，所以多吃苦不是坏事情。

只有自律，人才能够用最短的时间、最少的力气，最有效地管理自己的情绪。因为自己管自己没有什么压力，而别人来管，自己就会有压力。所以，到底有没有压力，就看人是自己管自己，还是别人管自己。

> 只有自律，人才能够用最短的时间、最少的力气，最有效地管理自己的情绪。因为自己管自己没有什么压力，而别人来管，自己就会有压力。

"应该"和"必须"只是期望

应该是应该，必须是必须，"应该怎么样不一定如此""必须这样也不一定做得到"。"应该"和"必须"属于一种期望，英文叫作 expectation，人可以期望高一点，但是不要求一定达到目的不可。如果非要把"应该""必须"升高到"一定"的水平，人就会苦恼不断。

有人经常想自己应该过好日子、自己必须富有……如果每个人都能实现这个愿望，那天底下就没有穷人了，没有穷人就表示所有人都不富有了。就像公司里面每一个人都升官了，也就等于没有人升官一样，当每一个人都有特权的时候，特权就没什么用了。很多东西都是比较出来的。当每一家都有两部车的时候，你的车子也就开不动了，再好的车也没有用，再好的车在高速公路也是开不快的，因为车太多了，你的车性能再好也无用武之地。

"非怎么样不可"就是非理性的一种态度，一个人可以"期望"，但是不要"强求"。比如父母可以"期望"小孩长进，这是理所当然的；但是父母要求小孩"非怎么样不可"，要不就罚小孩，或者说他不孝，这就很过分。

其实，学习不好、成绩不好的人，也有可能做孝子；而成绩好、成就高的人，也可能对父母很不孝。比如有些老人就很孤单，因为他的孩子很有成就，或者出国，或者在大城市工作，不会常回家看看老人；而有些老人的孩子都没什么出息，他也会很享福，因为孩子都在他身边尽力伺候他。这些就要看家长自己怎么想了。

退步之后立即回头

千金难买回头一望。当你要离开一个位置的时候，一定要回头看一下有没有落下什么，这样才不会丢东西。很多人往往直接就走，到车站才想到表还在桌子上；有很多人晚上睡觉，第二天叫苦连天，因为他养了一条狗，把他的假牙不知道叼到哪里去了……今天，有太多的东西需要大家放在心上，大家千万要记住，千金难买回头一望，要出门的时候，回头再确认一下门有没有锁，要不然回来的时候家里可能会被小偷搬得一干二净，什么都没有了。

同样，当你做一件事情的时候，回头看一看这样做的结果是什么，你就不会闯祸。很多人都是做了再说，结果造成一个僵局，很难挽回。人稍微慢一点，并不是什么丢脸的事，稍微慢一点并不耽误时间。有的人开车速度很快，但是到达目的地也只不过比别的车快五分钟而已，甚至有时候因为这五分钟连命都没有了，反而得不偿失。

人从小就有很多的情绪负债，使得大家不知道如何是好。童年的情绪负债会成为人类最早最无辜的债务，有很多人终生摆脱不掉，最后影响到对人、事、地、物的看法。

人类会压抑、控制自己的情绪，是因为如果无限制地表达出来，可能会造成不好的结果。但是如果不把情绪表达出来，一直压在心里，长久以后，人不但会生出病来，而且一旦爆发会不可收拾。所以，一个人要让自己的情绪有适当的疏解，不要压抑，不要过分控制，不要让自己心里充满不安的情绪，慢慢地把情绪负债解除掉。

第二章
自己是情绪负债的制造者

人们从小就背负了很多情绪负债，这些负债会影响人的一生。其实，自己才是情绪负债的制造者。所以人们应该学会改变自己，摆脱情绪负债。

●●●● 第一节　自己是情绪负债的制造者

情绪的最高境界是自由自在

　　人是万物之灵，和其他的动物不一样，人比动物高明。但是为什么动物不上学，人却要上学？动物不需要受教育，人却要受教育？动物可以自由自在，人却没有办法自由自在？这些问题困扰人们很久。人类本来就应该自由自在，不受任何拘束，可是现实中人类却要受很多的限制和约束。就连孔子也说他到70岁才自由自在，但还是要"不逾矩"。也就是说一个人可以很随便，爱怎么样就怎么样，但是不能违反规矩。

　　人类受了教育，就会有一些框框，在这些框框里面，大家要去找到合理的自由。如果没有框框的负担，人们就觉得有自由，但是当没

> 　　人类是没有框框要先找框框，有了框框以后，慢慢要把它解脱掉。这个过程看起来很无聊，其实是人类通向自由的一条必经之路。

有框框限制的时候，人们很快就会违反规矩，"自由"便受到打击。所以，人类是没有框框要先找框框，有了框框以后，慢慢要把它解脱掉。这个过程看起来很无聊，其实是人类通向自由的一条必经之路。

情绪的最高境界就是自由自在、毫无拘束。比如可以想哭就哭。其实哭原本是很自然的，但现在不是。大家现在哭，第一个，要哭给别人看；第二个，要哭出一个样子；第三个，没有泪水，就开始制造一些假泪水，甚至现在有一个职业就是帮人哭。人类越来越奇怪，越来越违反自然，越来越把自己折磨得不成人样。其实该哭就哭，不要管是男是女；想哭就哭，不过这样做的前提是要先顾虑到别人，不然会显得你很自大。只有在大家可以接受的范围之内，人类才会充分地自由。

人类从小就背负情绪债务

人类被迫背上情绪债务

人从小就有很多的情绪负债，使得大家不知道如何是好。童年的情绪负债会成为人类最早最无辜的债务，有很多人终生摆脱不掉。而人类从小就背负上情绪债务，很大程度上是教育的"功劳"。

一个小孩子刚生出来的时候哭，大家不会骂他、不会打他，因为觉得小孩子哭是对的，很自然。可是等到小孩子半岁、一岁或者两岁的时候还哭，大人就会对他说不能哭。其实这时大人已经教错了，因为小孩子会觉得好像"哭"是件很丢脸的事情，好像"哭"是要有目的的。

一个人到了五六岁的时候，他就会明白大人的意思了，比如一个小孩子骑自行车摔跤了，很痛，但他不哭，他爬起来推自行车回到家，妈妈一问他怎么了，他就开始哭，哭得很难过，因为他已经知道了哭是要给别人看的，没有人看就不用哭了。这就扭曲了人类自己的感受。

现在有些人不送他们的孩子到学校去，也不让孩子上大学，因为他们认为老师会把自己的孩子教坏。老师教孩子画画的时候，会告诉他要怎么画，但是孩子为什么一定要听老师的呢？画画应该是每个人都有不同的画法，但是老师却在教花儿一定要是红色的、叶子一定是绿色的，如果有的孩子问一句"为什么"，也会被老师斥责，说他"扰乱课堂秩序"。其实这是不对的，这样做的话，孩子的思维就被禁锢住了。

现在很多人乱教，小孩子也就乱学，然后这些乱教的东西就变成他们的情绪负债。比如一个小孩子有一次考试考了92分，他就知道回家要挨8个板子，因为要补到100分才行，这就是负债。所以，每一次考试小孩子就认为一定要考100分，结果一到考试就紧张兮兮，实在考不到100分，他就开始想怎么作弊。这些都是教育上的误区。如果考多少分都不会挨打，那么小孩子是不会作弊的。

其实很多事情大家都是被迫这样做的，是父母、师长、领导让做的。所以一个人幸运不幸运，就是看他有没有好的父母、好的老师和好的领导。如果他们给的标准是正确的、合理的，那这个人就会自由自在；如果他们给的标准是扭曲的，这个人就会有情绪负债。而在现实生活中，每个人多多少少都有情绪负债。

人类不得不压抑、伪装自己

长期的伪装和压抑，会给人造成一种不能充分表达的压力。把话讲出来，虽然会造成很多的问题，但是讲话的人会很痛快；如果不敢讲，就会造成一种紧张和不愉快，最后影响到对人、事、地、物的看法。一个人不要压抑和伪装自己，但是现在很多人不得不伪装，这也是人从小就有的一些负债。

> 一个人不要压抑和伪装自己，但是现在很多人不得不伪装，这也是人从小就有的一些负债。

比如一个小孩回家，爸爸问他今天考得怎么样，小孩说考试不及格，爸爸就问为什么不及格，小孩子第一次会说全班都及格，就他一个人不及格，爸爸觉得很没有面子，就会打他。以后小孩子就知道不能这样说了，这样说会挨打。如果下次爸爸问他为什么不及格，他就会说又不是他一个人不及格，全班都不及格，爸爸就不会打他。从此以后，小孩子慢慢就懂得要伪装和说假话。长大以后，会知道要让对方有面子，就开始扭曲自己，然后造成很多情绪负债。

很多人从小就知道要诚实、要坦白，但是都不敢做，就是因为小时候的情绪负债造成的，如果不解除负债，人就经常会很痛苦、很不安。

情绪负债亦造就人自己

人是怎么来的？西方人相信人是上帝造的，达尔文说人是动物进化而来的，中国人说人是自己搞出来的，是自己把自己弄成这个样子的。

人生只有一个规律，就是"自作自受"。"自作自受"不一定是负面的说法，比如一个人自己做饭，自己吃得愉快，是"自作自受"；一个人自己做的事情，自己享受成果，不管好坏，也是"自作自受"。

每一个人要替自己负起全部的责任，因为没有人能替别人做主，没有人能替别人负责任，大大小小的事情都要自己承担。人必须要对自己负起全部的责任，才不会把责任推给别人。

> 每一个人要替自己负起全部的责任，因为没有人能替别人做主，没有人能替别人负责任，大大小小的事情都要自己承担。人必须要对自己负起全部的责任，才不会把责任推给别人。

各色各样的人生经历，造成了今天的人们。人在 1 ～ 10 岁时，其实都差不多，没有太大差异。年纪越大，差异越大。因为人类自己在不停地积累自己，所以就造成了不同的样子。比如一个人的长相就是自己造成的，18 岁以前的长相，是父母给的；18 岁以后长什么样子，是人自己造成的。

因为"相由心生"，一个人情绪负债太多，心理被扭曲的地方多，他就可能把自己弄得精疲力竭、弄得未老先衰，或者弄得昏头昏脑；如果一个人情绪很稳定，生活很乐观，他就会是一种做事不慌不忙的样子，脸上的表情始终会很平和。

● ● ● ● 第二节　情绪负债源自三种性格

　　情绪负债来源于三种性格：一种叫作依赖型性格，一种叫作控制型性格，一种叫作竞争型性格。这三种不同的性格，会对人产生不同的约束。

依赖型性格

　　具有依赖型性格的人常常在好坏、善恶之间徘徊，给自己造成很大的困扰。比如"这件事情是好的还是不好的""我是好孩子还是坏孩子"等。这在心理学上叫作"自居"，自居就是把自己比喻成什么。比如玩"过家家"的时候，男孩子经常自居是爸爸，女孩子经常自居是妈妈，所以慢慢地男孩子会跟爸爸学，女孩子会跟妈妈学，长大以后他们自然会"扮演"好自己的"角色"。不过现在爸爸一般都比较忙，小孩长期跟妈妈在一起，上学以后又碰到很多女教师，很多男孩子都女性化了。人类女性化、中性化，其实都是情绪负债。

　　其实有些东西很难分好坏，很多事情与好坏也完全没有关系，可是人类经常在善恶、好坏之间，自己找自己的麻烦。比如你小的时候去看电影，肯定会问：妈妈，这是好人还是坏人？后来你越长越大，就越不知道哪个是好人、哪个是坏人。分好坏是不切实际的，因为分不了，好人也会做很多坏事，坏人也有很多好的表现，好中有坏、坏中有好才是比较实际的。

> 分好坏是不切实际的，因为分不了，好人也会做很多坏事，坏人也有很多好的表现，好中有坏、坏中有好才是比较实际的。

"我是男子汉吗？""我是真正的女人吗？"没有人能有答案的。世界上有一些事情是黑白分明的，但是还有很多事情是黑白不分明的，它们和大部分"黑白"完全没有关系，但是有人会把自己深深地陷在这里面，造成他自己的不安宁和别人的不愉快。

有很多事情人类是无可奈何的，要靠自己来调整。只有小孩子会问："我可爱吗？""我会遭大人讨厌吗？"但是有些人会把这种情绪带到成长里。有人一开口，就好像他还是六七岁的样子；有人到了二三十岁，他的表现还和小孩一样，这个人就是长不大。很多人是长不大的，就是因为他们依赖从前、依赖父母、依赖这种对于好坏的判断。

一个成熟的人，是没有这些困扰的，因为他会告诉自己，没有办法分好人和坏人。不能说一个人这件事情做得不对就是坏人，这件事情他表现得好就是好人。只要经常想到这些，人就会慢慢成熟。

控制型性格

控制型性格有三个大问题。第一个，在对错之间徘徊。"我做对了吗？""我做错了吗？"其实没人知道什么是对、什么是错，人不要在二分法的两极化当中增加自己的困扰。当一个人越来越成熟的时候，他就越清楚想要做到"黑白分明"是困难的，中间会有很多灰色地带，会知道对中有错、错中有对的范围在慢慢扩大，这样，他的情绪才会比较平稳。

第二个，"我聪明吗？""我是不是很蠢？"其实没人知道什么是聪明，投机取巧的人可能是最笨的人了，因为他吃的亏一定最多。现在很多人很喜欢看那种"厚黑"之类的书，觉得自己既能得到好处，又不违法，是最聪明的。其实不见得，因为人是有良心的，但是那些书都没有告诉人们良心在哪里，会造成人的良心不安。

第三个，"我坚强吗？""我软弱吗？"最软弱的人其实是最坚强的。水最柔软，但是水却能把钢板滴穿。世界上的东西"软硬"是变化的，不是固定的。比如风吹来的时候，最硬的东西往往会先折断了，软的东西则不会断。很多人喜欢竹子，因为竹子"韧而不僵"，很少会断。

竞争型性格

现在有很多人提倡大家要有竞争意识，因为现在的社会，一个人如果缺少竞争意识的话，会很快被淘汰。人类发明电脑，是有价值的，因为电脑可以让人记忆、计算方便，但是现在很多人在电脑上拼命工作，变成电脑的奴隶，好像自己在电脑前待的时间越长，自己越努力一样，结果最后死在电脑上面。人类发明钞票，是为了让大家买东西方便，可是人类很快就变成了钞票的奴隶，认为谁的钱多谁的本事就大。人类发明汽车，是用来代步的，可是现在有人又要买名牌，又要买排量大的，好像不买名牌、不买大排量的自己就被别人比下去了一样。人类发明东西，本来是为了帮助人类自己过好日子、过好生活的，但很多东西总会慢慢变成折磨人类的"凶手"，弄得大家很严重地扭曲自己。

> 人类发明东西，本来是为了帮助人类自己过好日子、过好生活的，但很多东西总会慢慢变成折磨人类的"凶手"，弄得大家很严重的扭曲自己。

其实，每个人都不同程度地具有上述三种性格的优点、缺点，大家要了解自己的性格类型，看是哪种性格占主导地位，然后积极改善，获得情绪自由。

●●● 第三节　毒性教条加重了情绪的负债

家庭常见的毒性教条

常常有很多人批评中国的文化有缺点，其实是不太正确的。如果中国文化有很严格的教条，规定人不可以这样、不可以那样，那么，大家就知道这规定是错的。但是其实中国文化里没有那些所谓的教条，人们所接受的教条都是无中生有的。换言之，只有说人做错了，没有说中国人的道理错了，因为中国文化里并没有什么主张。

比如儒家为什么不能成为儒教？因为凡是有宗教，就一定有教条、有戒律，而孔子是没有什么教条、戒律的，他的"主张"也只有五个字——无可无不可，即世界上既没有什么东西是可，也没有什么事情是不可。几千年来，一直有人要打倒孔子，但是最后都没有打倒他，因为他是一个没有"主张"的人，人们也就抓不到他主张里的缺陷。

不合理的家庭规则

人们今天在家里面接受了很多父母对文化的扭曲，那不是中华文化的错，是父母的错。很多人家里有不合理的规定，比如"不准哭"。小孩本来就要哭，因为他不会说话的时候，只能通过哭来表达自己。一个会当父母的人会去观察这个小孩为什么哭，比如"是不是他肚子饿了"，那么父母这次给他吃，下次就要记住了，在他肚子饿之前，先给他吃东西，他就不哭了。还有的父母规定：不能垂头丧气。这也不太现实，因为人有情绪高涨的时候，也有不得志的时候，总让一个人情绪高涨，显然那是不太可能的。

家人貌合神离有隔阂

人人都有不被了解的痛苦，就算一家人，也很少去了解彼此的内心世界。父母只看到儿子又搞得脏兮兮的；妻子觉得丈夫今天穿得不正式，要去见重要的人应该打扮得好一点，等等。大家只看到外面，没有顾虑到别人的"里面"。

比如丈夫今天根本就不想出去，他有很多事情做不完，但是妻子一定要让他陪自己去逛街，根本不在乎他的想法，丈夫心里不情愿，但为了让妻子高兴，只好装作很愿意的样子陪妻子去逛街，结果自己身心都很累。这样的家庭叫作"貌合神离"。一家人貌合神离，各想各的，这样过日子还有什么意思？再有钱也没有用。

"家和万事兴"的紧箍咒

有些人为了"家和万事兴"弄得家里面的人很假，有话不敢说，有脾气不敢发，有事情不敢提出来讨论。为什么？怕家庭不和。其实对这个"和"字大家有很大的误解。"和"有两种情况：一种是一团和气，一种是和稀泥。一团和气又有两种情况：可以万事成，也可以一团糟。"和"这个字要同另外一个"合"合在一起，合不能够和，它是假的和；大家要能够合作，要能够心和心连在一起，这种和气才是好的。如果为了装表面的和，什么事情都不谈，各搞各的，那只是表面的好看，内心是连不在一起的。

中国人是含蓄的，但含蓄是指不要那么冲动、不要那么激烈、不要那么夸张，而不是让人完全没有情绪。人不可能没有情绪，一个人如果总是把愤怒藏在心里面，那是会爆炸的；人也最好不要压抑，适当的抒发其实

> 人不可能没有情绪，一个人如果总是把愤怒藏在心里面，那是会爆炸的；人也最好不要压抑，适当的抒发其实是很好的。

是很好的。所以在家里，妻子哭的时候，丈夫不要制止她，等她哭得差不多了，眼泪基本没有了，她自然会停下来，这时候丈夫同她说话才有用。同样，丈夫发脾气的时候，妻子不说话就是了，等他发作完再和他说话，因为他发作以后就没有那么多气了，这样自然的抒发对彼此都有好处。

但是人们现在为了追求形式上的和气，为了做表面文章而弄得很假、很虚，这会引起情绪的不安，因为它是不正常的。现在很多家庭里面有很多错误的举动，这个同中华文化没有一点关系。家和万事兴这个道理是对的，但是大家对它的体认要深刻，即有问题要说出来，大家互相了解，才能真正的和。如果每个人都为了怕爸爸发火而不敢讲话，为了怕妈妈生气就躲躲藏藏，那么这些都会成为不和的隐患，时间久了一定会爆发。

比如一个小孩在家里很乖，到外面就很坏，因为这样他才能平衡。所以，一个小孩在家乖得出奇，乖得让父母感觉到奇怪的时候，父母要有心理准备，因为小孩可能在外面制造了很多问题。一个在丈夫面前"是是是、好好好"的妻子，丈夫要提高警觉，她在外面可能有问题。如果丈夫回家看电视动都不动，非常有礼貌，也不讲脏话，那他八成在外面有什么动向……

学校里的毒性教条

人到了学校以后，也会有被动接受一些毒性教条，这些毒性教条将会追随人们一辈子。这其实是对人的一种考验，人们可以学习在面对毒性教条时怎样去解脱，而不是盲目地接受毒性教条然后加以抱怨。假定家里面没有一个毒性教条，人怎么会长大？假定老师没有做错一些事情，学生又怎么会明白其中的道理呢？

一个人在太单纯的环境中是长不大的，所以，家庭越富裕，社会越繁荣，有些人的脑筋就越不管用。很多人的聪明是后天启发出来的，不是生下来就有的。

上学以后，老师要给学生的每一个学科打分，甚至包括体育也要打分。其实，学生只要运动了，只要达到健身的目的就行了，老师不一定非要给他们打分。

现在很多人会觉得分数是代表一个学生的价值的，所以学生为了考高分，就会去作弊。但是有的人天生对数学没有兴趣，他的基因里面没有这套东西，所以怎么学也学不好，怎么考也考不了高分。其实分数并不能代表一个人的价值，但是直到毕业以后大家才会明白这个道理。事实也在证明，很多当初考试成绩好的人毕业以后，不一定在社会上混得比那些考得差的人强，因为工作和考试是两回事。

社会上的毒性教条

现在人们很重视外表，这是社会的毒性教条。比如看一个人穿的是不是名牌，戴的是不是名表，开的是不是名车，名片上的头衔是不是一大堆……有一个笑话：有个人怕掉到厕所里，但是不怕他家里着火。因为家里没有什么值钱的东西，所有财产都在他身上，一掉到厕所里就完了。全部财产都在自己身上，很多人都是为了这么一个虚伪的外表而生活着。比如有的人赚的钱其实不多，但是也要咬紧牙关买部车子，而且有了一部车子后，他一定会把车钥匙拿在手上，生怕别人不知道自己有车。这其实是他心里不踏实，所以才会有很多奇奇怪怪的情绪表现。

人心理上的毒性教条

有的人喜欢处处同别人比，比如："为什么隔壁的小王考100分，我就考30分？"一个人从小就同别人比，会比出很多痛苦来的。如果不同别人比，他会觉得自己很高，但是一比就会觉得自己很矮，然后为了心理上的平衡，他就会去找一个比自己矮的人比，这是很无聊的。其实一个人高也高不到哪里去，矮也矮不到哪里去，只要把这些想通了，就不会再总想着同别人比了。

竞争的社会，胜者优败者劣

很多人说现在的社会是个竞争的社会，其实不然。有的人从小不上补习班，每天晚上很早就睡觉，家长也不要求他考100分。因为"考那么多分又不能当饭吃，你考那么多分干什么"。为了考高分而不择手段，整个人都会扭曲掉。

有的人和别人比来比去，伤心的还是自己。比如有的人看见别人的房子很大，装修很豪华，回到家看到自己的房子比别人的小很多，就会觉得自己很凄惨。其实不见得，大房子、小房子各有利弊。有时候住大房子也是很"累"的。

案　例

在美国，很多人的房子都很大，但光是整理草坪，一年就要花一万美金，一会儿生虫子了，一会儿被邻居小孩破坏了，很让人操心；而且木头房子容易坏，三天两头需要修，开销也不小，一般人负担不起。有的美国人花800万美金买一栋房子，只有三个人住，里面有10个洗手间。太太要出门的时候，光是去关门就要40分钟，回家开门同样要40分钟，整天关门、开门就浪费许多时间。但是在美国，挣钱多的人就必须要住大房子，这样和自己的收入、地位才相匹配，不然别人会不理解的。

其实，天底下最自由自在的就是中国人。比如有的人即使有钱，也喜欢住小房子，他不喜欢摆阔，他不愿意去受住大房子的"罪"。

只能赢不能输

有的人觉得无论做什么事情都只能赢不能输，其实是不现实的。首先，什么事情都是有输有赢才好，比如一个人下象棋下得很好，从来都赢，结果到最后没有人跟他下了；另一个人也是象棋高手，但是他下棋的时候有输有赢，每次赢别人一点点，然后再输一下，让别人觉得自己还有赢的希望，才会继续跟他下，这才是高手。其次，人是各有所长、各有所短的，人应当同自己比，不同别人比。因为一个人同自己比，看自己在不断进步，是件很有成就感的事；如果一个人跟别人比谁的胳膊粗、谁爸爸的力气大，没什么用——没这方面的优势，会越比越难受的。

毒性教条即情绪负债

情绪负债从小就不断地被加在人身上，最后累计成为一种很不正常的情绪反应。每个人一定要逐一地加以检讨、改正，把这些负债清除掉，直到有一天，你会觉得偷懒不是罪恶、悠闲不必竞争，那才是真正得到情绪上的自由了。

> 如果一个人赚尽了全天下的钱，但是把自己宝贵的生命搭进去了，那他就是天底下最大的傻瓜。命比钱重要得多，但是现在许多人为了钱而拼命，那就是跟自己的身体、跟自己的生命过不去。

当一个人没有钱的时候，钱就会显得很重要；但是当这个人稍微有些钱、衣食无忧的时候，就不用那么拼命地去赚钱了。如果一个人赚尽了全天下的钱，但是把自己宝贵的生命搭进去了，那他就是天底下最大的傻瓜。命比钱重要得多，但是现在许多人为了钱而拼命，那就是跟自己的身体、跟自己的生命过不去。

中国人很喜欢要求别人，其实是没必要的。儒家是反求诸己，从自己做起，把自己的情绪稳定了就行，不要去管别人如何，因为只有自己稳定，别人才会跟着稳定。尤其是当领导的，如果他一来就弄得大家很紧张，是没有人愿意跟着他干的，因为谁跟着他干谁倒霉。很多员工都说领导不在的时候，自己根本不紧张，会自己安排工作，但是领导一来就不得了，他会弄得大家没法工作。因为领导的情绪不稳定，所以使得整个组织里面的人都不稳定。

还有，如果爸爸不在家，小孩就会觉得很轻松；爸爸一回家，他就开始紧张，因为爸爸动不动就骂他，动不动就摔杯子什么的。就因为爸爸的情绪不安，所以使得全家人的情绪都不安。儒家说反求诸己，就是指发生了一件事情之后，人们先要看看自己有哪里不对，然后先改变自己，这样别人才会跟着改进。为什么叫作"风气"？因为情绪和风一样，风一吹过来，所有的草都跟着动起来。一个人一改变自己的情绪，别人也会跟着改变。

●●● 第四节　挣脱情绪负债的枷锁

有理想，生活才有色彩

生活的意义是要有理想。一个人没有理想，其情绪就没有目标，也不能被控制，生活也变得无趣，没有色彩。当一个人有理想时，他就不会刻意地去控制自己的生活。如果你问一个人：为什么要给儿子钱让他去读书？那人会说是希望儿子将来长大了，把钱赚回来还给自己。那么这就是投资报酬。以前中国人重男轻女，就是因为大家认为给男性投资，将来回收得比较多，而女性不能回收。但是现在，大家要知道这不是投资报酬，这是应尽的一份义务。

作为父母，要么就不生孩子，如果生了孩子就要尽量去栽培他，至于他将来要怎么样，那是他的事，和家长无关。如果父母能经常这样想，就会慢慢觉得自己没有压力。有的人也常常在埋怨自己的孩子没有良心，觉得自己把他们养那么大，到头来也不知道孝敬自己，这就会给自己造成压力。其实做父母的要常常这样想：我对他没有什么恩惠，所以他将来要怎么样是他的事，不是我的事，我要怎么做是我的事，他要怎么做是他的事。经常这样想的父母就会慢慢地解除掉情绪负债。

一个人怕冒险，勉强安于现状，但是这样又不能实现其理想，他就觉得很矛盾、很痛苦。其实人的一辈子就是要完成自己的理想。理想有两种，一种是私的理想，一种是公的理想。人完全为私的理想，会一辈子痛苦，如果为公的理想就不会痛苦了。比如保持环境整洁，看到有脏的东西，大家有时间、有精力就可以去收拾。但是有些人做了之后就会想让别人知道自己的功劳，其实，这也是一种情绪负债，很多人会陷入这种自找麻烦的状况。如果能认为自己没有什么贡献，不值得大惊小怪，这本来就是自己的理想，是该做的事的话，自己的心就会自由自在，情绪负债就被解除掉了。

人类要不要自由自在、能不能自

如果能认为自己没有什么贡献，不值得大惊小怪，这本来就是自己的理想，是该做的事的话，自己的心就会自由自在，情绪负债就被解除掉了。

由自在，完全是自己的事情，和别人没有关系。有人之所以不能做，是因为情绪负债太多：我做这件事情，就应该让别人知道。如果妈妈在家里面总是咋咋呼呼："你们这些小孩子知道吗，我一天要花多少时间做家务？我这么辛苦你们知道吗？"这会给孩子造成一种情绪负债，让他长大的时候刚拿起笤帚就讲："这么脏，你们都没有看到吗？"其实那个时候他心里是很不愉快的。他认为自己吃亏了：为什么别人都不动，只有自己动？其实这是他自己的事情，他要这么做是他自己的决定，不要去管别人，那他就没有情绪负债了。

改变自己，摆脱情绪负债

人们从小就被一层一层的情绪负债包裹着，很难摆脱。在这种情况之下，唯一的办法就是改变自己。如果自己不改变，情绪永远不会安宁。那么，如何改变呢？

首先，人要学会自我调整，把不必要的还清、拿掉，这样人就会越来越轻松，越来越自由，越来越成熟。要达到这个目的，第一，不要压抑自己的情绪。情绪是压抑不了的，而且压抑情绪对自己也不好。第二，不能过分控制自己的情绪，如果一个人完全按照自己的情绪来做事，没有人喜欢和他在一起，到哪里别人都不太理他或者看到他就躲闪。因此这个人就会开始压抑，开始有控制，又进而造成一种不能够表达的压力，最后会得忧郁症、恐惧症，甚至是更严重的自闭症。

人类会压抑、控制自己的情绪，是因为如果无节制地将情绪表达出来的话，可能会造成不好的结果。但是如果不把情绪表达出来，一直压在心里，长久以后，人不但会生出病来，而且一旦爆发会不可收拾。就像火山一样，有很强的能量，偶尔爆发一下，不会造成大灾难；但是如果长期没有爆发，一旦爆发就是不可收拾的。人也是这样，忍无可忍就完了。所以，一个人要让自己的情绪有适当的疏解，不要压抑，也不要过分控制，更不要让自己心里充满不安的情绪。

其次，人要学会改变自己的想法。比如正向或者负向情绪是可以共存的。"不是正就是负，不是负就是正；不是对就是错，不是错就是对"，这种想法是不切实际的，是幻想，只能增加人们的苦恼，不能解决问题。情绪也一样，不可能很简单地分成正负、好坏、善恶、是非，但是有人偏偏去钻那个牛角尖。

其实，每一种情绪都是有价值的，人生要尽可能多一种体验，否则生活永远不会完整。比如当你开车来到你所要到达的那条街时，你开始会想自己是向右拐还是向左拐，虽然你知道这条街是自己要找的，但是你不知道自己要找的目标是在左边还是在右边。因为你不是那么熟悉，所以你尝试着先向右拐，右拐

> 每一种情绪都是有价值的，人生要尽可能多一种体验，否则生活永远不会完整。

不对，你就开始后悔了，觉得自己走了冤枉路，然后情绪就非常不安。

有人却不是这样的，当他发现走错时会想：幸好拐错了，不

然我一辈子看不到这边的景象。他反而会很愉快。反正已经走错了，已经消耗了时间、浪费了精力，何必再增加自己的苦恼呢？而且自己还得到了经验，知道以后问路要问清楚在什么路口、目的地在左边还是在右边，就会减少错误；如果还是错误了，那就享受这个错误，这时候心情会完全不一样。而且当心情改变的时候，人的整个情绪就会跟着改变。现在科学家已经证明了有这种现象：看到一杯茶，你先说它"很好喝"，它就会真的很好喝；如果你说"这算什么茶"，那么它就会真的变得很难喝。

再次，从自己做起，把自己的情绪管理好，少管别人。中国人不喜欢被管，所以一开口就是"不要你管"。其实，每一个人把自己管好就行了。比如做事情，先看看自己该做些什么。每个人都有一张工作表，上面写得很清楚，该做什么就把它做好，不会的问别人。而且一个人把自己管好，先要从管理情绪开始。

比如上班前五分钟不要做事，先把情绪稳定了，每个人看看自己该怎么做，好好记住，然后就开始工作了。但是有些公司经常一上班就把大家集合起来，然后弄到乌烟瘴气的马路上喊口号，做给别人看。这是领导牺牲干部、牺牲员工的健康来建立的一种假形象。如果一上班大家互相打个招呼，稳定情绪，看看彼此有什么地方要帮忙的，然后各就各位开始工作，那么大家的工作状态就会比较好，效率也高。

第三章

用理智来指导情绪

现代人有很多选择。选择力大，情绪不稳造成的
破坏就大，所以，人们应当用理智来指导情绪。

第一节　现代人具有极大选择力

选择力大，情绪不稳造成的破坏就大

在没有人类的时候，世界上的一切都是自然界决定的，但是有了人类以后，就不太一样了，因为人有创造性，有高度的自作主张的能力。人们一方面依赖自然，另一方面也会有很多自己的意见，中国人称其为"天人合一"。"天人合一"就是人与自然要协调，要有共同的目标。但是科学发达以后，人类"人定胜天"的欲望和信念越来越强，似乎已经可以掌控整个世界。

人类有创造力，但是人类的破坏力往往比创造力更强。以前人们会有"天灾人祸"的观念，但现在天灾少有，基本都是人祸：气候的变化、空气的污染、环境的破坏，很多都是人为的。所以，当大家说到"人定胜天"的时候，一定要格外小心，因为现代人已经有非常大的破坏力。科学技术给人类带来很大方便的同时，

也给人类带来有史以来最严重的威胁，因为它随时可以把整个地球毁灭掉。

比如在古代打一次仗，最多折损几十万兵力；但是现在都是高科技了，假如一个按钮按下去，几百万人就可能在瞬间被毁灭。所以现代人一定要小心，时代是不一样的。

在人的能量特别强大的时代，每一个人都需要稳定自己的情绪，否则你可能无意之间就闯了大祸。以前情绪不稳定所造成的破坏不会太大，现在情绪不稳定所造成的破坏力非常大。所以，管理情绪在现代来讲比以前更重要。

用理智来指导情绪

在管理情绪这个问题上，大家应该记住四个字——慎始善终。因为慎始都不一定能够善终，如果不慎始那就更糟糕了。

在管理情绪这个问题上，大家应该记住四个字——慎始善终。因为慎始都不一定能够善终，如果不慎始那就更糟糕了。而慎始善终是中国非常古老的观念，现代人如果要应用，就要稍微进行调整和改变。

人不可能完全理性

大家首先要认定人是相当不理性的，每一个人都有缺点。有些人很喜欢"完美"，但是完美主义者其实是不切实际的。一个人如果自己很追求完美，那他的一生肯定会痛苦不堪；他如果要求别人完美，就会发现没有一个人是对劲的，所有人都很讨厌。因为人不可能完美，如果非要求别人完美，那是自己和自己过不去。俗话说"人无完人"，什么是"完人"？我认为，"完人"就是把人做完了、要死了，没有死以前一定是有缺点的。一个人要包容别人的缺点，而不是指责别人的缺点——你不可能改变那些缺点。

用"格物致知"来指导感情

人们要用自己的理智来指导自己的情绪，这是《大学》里面所讲的"格物致知"。什么叫作格物致知？就是要注重科学。很多人都觉得中国的儒家对科学不是很重视，尤其有人说《周易》是妨碍中国科学发展的，这都是不正确的。中国人是非常重视科学的，格物致知就是说：人把事情搞清楚，就会得到充分的知识，然后用这种理性来指导自己的情绪和感情。一个人只要很理性，他的情绪一定是很正常的，但是人不可能时刻都理性，人不可能每时、每事都理性，因为人无完人，法无良法。

先格物致知，然后得到一些知识，再用这些知识很理性地指导自己的感情，这就叫作自律。所谓自律就是自己管自己。中国人是非常不喜欢被人管的，一开口就是"你管那么多干什么""你少管我"。中国人对管理天生有一些抗拒，但是学习西方管理的时候，人们却没有注意到这一点。

人不要别人管是好现象，但是自己一定要把自己管好，因为只有自己

> 人不要别人管是好现象，但是自己一定要把自己管好，因为只有自己管好自己的人，才有资格不被别人管。

管好自己的人，才有资格不被别人管。

为什么说管理情绪如此重要呢？因为人非圣贤，都会犯错。现在如果你一犯错就觉得自己见不得人了，那你就不要做人了；但是也不能说错就错到底，那也是不理性、不合理的。

对情绪要谋定而后动

有些人心中有别人的存在，并且了解别人的感受，他们会反复思考，然后才做出反应，所以有些人是很谨慎、很周到的。大家最好要养成习惯，即尽量不要立即反应，一个人一定要谋定而后动，对情绪也是这样，千万不要草率。想一想自己的观点对不对，你把它调整得合理，然后做出适当的反应，就不会出差错了，而不是现在什么都要的"快、快、快"。

电视给人们提供了很多方便，但是现在大家要特别小心电视节目的内容。电视节目是教育用的，不是娱乐用的，可是现在却是娱乐重于教化，里面有很多不适合小孩子看的内容。但是，小孩子是没有选择能力的，他看到什么就会记住什么，所以做父母的要善用理性的选择能力，替小孩子选择可以看的电视节目，而不是让他自己去选择。在这个问题上，美国人比中国人处理得好，他们把遥控器的按钮设计得十分复杂，小孩子自己开不了电视。中国人也应该充分地用自己的理性，尽可能地让小孩子不要出差错。

● ● ● 第二节　人们经常无意识地选择

人们一直都在做选择

人们一直都在做选择，只不过自己没有感觉到，因为那是无意识的选择。一位妇女，常常头痛，但是医生检查不出她有什么毛病，因为不是生理因素让她头痛，而是她最近离婚了，又不好意思告诉别人自己离婚了或者说为什么离婚，所以她就"选择"了头痛来发泄情绪。像这种事情在现实生活中是经常发生的，比如很多人选择胃痛来逃避工作，选择头痛来避免说他不情愿说出来的话，甚至选择自杀来逃避别人的言论。这些都是人们自己选择的，即人会胃痛是自己选择的，会头痛也是自己愿意的。

长期以来，人们希望发泄自己的情绪，但是发泄的渠道是什么，大家又搞不清楚，所以，很多人在不知不觉中选择了生气、打人、自暴自弃或者是酗酒。一个人如果很坦然地说最近刚离婚，他就不会头痛；他不敢讲，又怕别人知道，好像每个人看他的样子都不对劲，他就会用头痛来逃避现实。其实，人的一切事情都不是别人在做决定，而是自己在做决定。

有的人会失败，是因为他选择了失败；有的人会成功，是因为他选择了成功。在人们面前，有好几种选择：一种是很顺利就

> 在人们面前，有好几种选择：一种是很顺利就成功，另一种是经过波折、经过磨难才成功；一种是经过波折、经过磨难却失败，另一种是刚开始就失败了。

成功，另一种是经过波折、经过磨难才成功；一种是经过波折、经过磨难却失败，另一种是刚开始就失败了。

有人去拜神，他会说：神呀，一定要保佑我这次出门一切平安，不会遭遇到任何意外。但是，他的心里会发出另外一个信息，说：不可能的，人那么多，车那么多，神根本没有办法控制。他会否定自己。一个人想成功的时候，如果总是否定自己，说：以我的能力可能吗？以我的运气做得到吗？那他就把自己成功的选择否定掉了，很可能永远不会成功。

嘴巴的能量绝对低于心的能量，真正的用心就是动脑筋，就是意识。有些人嘴上说要成功，但心里想的都是失败，说"成功"的人的压力往往很大，因为他怕失败后遭人耻笑。所以最后之所以失败，就是自己把自己搞失败了，和别人一点关系都没有。

最好是有意识地选择

人们要对别人负责，也要对自己负责，不能白活一辈子。就算有前世、今生或者轮回，这辈子也是无可取代的。所以大家一定要重视今生今世，否则对不起自己。大家要用有意识的选择来取代无意识的选择。人们要有新的价值观，要认识新的危机，培养新的能力。

比如说人们接受罪行，但是不接受罪犯。具体而言，大家不能因为一个人一次的错误，就全盘否定他以前做过的事情，但是偏偏有人经常这样做。难道一个人不能犯错吗？孔子说得很清楚"人非圣贤，孰能无过"，孔子要求的不是不犯错，而是不要重复地犯错，即"不二过"。做错了，汲取教训，以后绝不再犯就行了。但是现在，如果一个人偷了一次东西，以后所有人丢东西，都会说是他偷的，这是很冤枉人的。

案　例

某人最喜欢的一把斧子不见了，于是他想到一定是有人偷了，就到左右邻居那里想看看到底是谁偷了他的斧子。结果他看每个人都很可疑，都像偷他斧子的人。后来他回到家，找到了那把斧子，然后当他再到邻居家里时，又觉得每个人都不像小偷，都很可爱。

这个人的反应是很主观的，当一个人怀疑另一个人的时候，他越看越觉得另一个人像自己想的那个样子。大家不能够因为某个人做错一件事情，就把他划定为坏人。特别是做家长的，不能认为孩子犯一次错误就会成为坏孩子，就会无药可救。孩子有很多优点，不能只凭一件事情去判断他的好坏。

新的选择能力很重要

通过学习增强选择能力

在当今社会，选择能力越来越重要。每个人的机会都很多，只是大家不会选择而已。什么叫作不幸？就是因为选择错误。一个男人看到很多女人，可他为什么专挑这个女人和自己结婚呢？他有很多的机会，但是他选择了这个女人，如果两个人一辈子不幸福，他只能怪自己当初没有选择正确的结婚对象。

所以中国人强调婚姻一定要门当户对，就是这个道理。新的时代更要门当户对，爱情是没有条件的，但是婚姻一定是有条件的。如果婚姻没有条件，那这两个人可能很快就会离婚，而且有人离婚也会养成习惯，离第一次，离第二次……没有离过婚的人则没有这个习惯。

人们今天都很重视培训，这是好现象，但是要培训什么，许多人都很茫然。其实，培训的主要目的就是让人提高自己的选择能力。但是现在很多人不是这样认为的，他们从讲师那里学了一套回来就用。大家应该知道，讲师讲的都是一般性的现象和方法，不会特别针对个人，听讲的人怎么能不加选择就全盘套用呢？而且讲师对学员不够了解，又怎么可能会给学员做决定呢？在这个世界上，没有人有权利替任何人做任何决定，哪怕是家长都不可以决定孩子的一切。

重新审视原有的人生观和价值观

大家要找一个时间，把自己原来的观念整理一下，不然自己的一些正确想法会被现实的生活磨灭掉。就像有些人家里的抽屉，很多年都没有整理了，结果东西都被压坏了。还比如有人喜欢漂亮的信纸和信封，但是买回来舍不得用，就放在抽屉里，十年以后拿出来一看，已经泛黄不能用了，这就是糟蹋了好东西。

在现实生活中，很多人都在用坏的东西，糟蹋好的东西。其实，人的大脑就像个抽屉，从小到大，各种各样的观念被填充进去，但是很多人从来没有整理过，那里面肯定是乱七八糟的。为什么有些人很矛盾，自我相冲突，理不出一个头绪来？就是因为他从来没有整理过自己的大脑。

所以大家一定要把自己的"抽屉"拉开，把所有观念都倒出来，然后看看每个观念还合不合现在的要求，合的放进去，不合的就丢掉，把原来的情绪负债该还的还，不必还的就丢掉。人的一生最要紧的就是要时时刻刻都有一个重新出发的机会，时时刻刻都"自新"。

学习调整自己的观念

一个人活到老就要学到老，活到老学到老的目的，就是要常常改变自己的观念。现在，很多人都害怕把自己的子女交给上一辈的人来带，但是如果没有老一辈人的帮忙，他们自己也照顾不过来。这是个矛盾，只能想办法去调试：年轻人不能要求老一代人改变观念，除非他自己愿意。

一个人年纪大了以后有两种可能性：一种是成为家里的"宝"，家有一老如有一宝；一种是成为家里的"贼"，因为老而不死就叫贼。老人如果总用老观念给大家增加麻烦，他就是"贼"；反之，如果他经常更新观念，能够现代化，为年轻人所欢迎，他就是"宝"。

做父母的也不要在子女面前去批评自己的上一辈，因为孩子将来会照样批评你——这是最好的以身作则。父母要告诉子女：奶奶是很疼你的，但是她疼你的方式和我们疼你的方式是不一样的，你要有不同的选择。

人类正在有意识地演化

人类的适应能力越来越差

21 世纪的人类和前 20 个世纪的人类是截然不同的。过去人类重在繁殖，重在生存，因为生活条件实在太差，人类的科技不足以解决自身的问题，所以人类把求生当作第一需求；现在，人类已经能应付生存问题了，他们更注重提升生存质量。比如在空调房里面，人是没有权利抽烟的，因为在一个密闭的空间，空气流通不畅，如果抽烟，会使空气质量进一步下降，影响人的呼吸，进而影响健康。

现在很多人为了使生活更舒适，导致适应能力越来越差。以前没有电风扇，人们照样过日子；以前没有空调，也照样过日子。但是现在有了电风扇人们还觉得热，有了空调也不行。人类的弹性变得越来越小，适应能力越来越差，这是退步而不是进步。

以前把人随便丢在哪里，他都活得下去，现在开始有条件了，没有电不行，没有空调不行，没有暖气不行，变成了有条件的生存。以前没有电灯，点蜡烛；没有电梯，走下来。但是现在，假如没有电的话，有的人就回不了家，因为他可能住在 33 楼，即使能爬上去，也可能累得走不下来了。

案 例

很多美国人都喜欢一个星期去超市采购一次东西，所以他们的冰箱非常大，有的人家里甚至有两个大冰箱，里面塞满了够他们一个星期食用的东西。假如遇上停电这种事情，冰箱里的东西就会全部坏掉，所以，他们只能再去买些干冰回来，把食物暂时保存一段时间。

人类要尊重自然

人类要充分地尊重自然，特别是那些有能力改造自然的人，更需要尊重自然，需要顺应自然的法则去创造。但是，现在很多人都在乱变。比如水龙头，就是为了让大家方便开、方便关、方便用水的，但现在很多水龙头都需要让人摆弄半天，甚至有时摆弄半天也开不开，最后水喷出来，弄得人全身都湿漉漉的。

我曾经去一个地方旅游，住在一家观光酒店里，这家酒店客房里的水龙头右边是冷水，左边是热水，当我每次开热水开关时，都会"哗"一下出特别多的冷水，为此这个老板每个月都要多花 1/10 的水费。这就不是创新，而是乱变。

现在的很多产品都是在乱变，变到很多人不知道怎么去用它们。这是尊重消费者吗？不是，这是虐待消费者。人们可以创新，但不能乱变；可以有意识，但是不能想怎么做就怎么做。人们要尊重现实，并且有前瞻性，这样才叫作创造。既不能抛开以前的东西不管，弄一个全新的；也不能永远不变，墨守成规，那样就太保守了，人类不会进步。

> 人们可以创新，但不能乱变；可以有意识，但是不能想怎么做就怎么做。人们要尊重现实，并且有前瞻性，这样才叫作创造。

所谓合理，就是在原有的基础上开发出新的东西来，不能完全照旧，也不能完全出新，因为大家很难去接受一个与原来的东西没有任何相似点的新产品。人们应该尊重原有的基础，然后引导出新的东西，这是需要人们共同努力的。

现代人有的地方是进步，有的地方是退步；退步的要把它改正过来，进步的要加以规范。这样，大家的情绪就会很稳定，然后过得自由自在。不管赚不赚钱，都很有尊严；不管有没有成功，都很有价值。

第四章

自己才是情绪的主宰者

人们应该坚信自己是情绪的主宰，只有无条件地
接纳自己、肯定自己，才会进一步改善自己、改
变情绪。

●●● 第一节 人们喜欢将责任推出去

人们觉得自己无法控制

　　每个人都应该替自己的所作所为负起全部的责任，但是有的人喜欢把责任推给外界。当把责任推出去时，他们自己就会变成一个没有尽责任的人，这是管理情绪的一个大问题。

> 　　每个人都应该替自己的所作所为负起全部的责任，但是有的人喜欢把责任推给外界。当把责任推出去时，他们自己就会变成一个没有尽责任的人，这是管理情绪的一个大问题。

　　每一个人都可以做自己的主人，但是有些人偏偏放弃了，他们宁可听别人的。有些人做错了事情，他们会说那是别人教自己的，不然自己是不会做错的；当闹情绪的时候，他们会说都是别人把自己气坏的，不然他们不会这样。

　　到底要不要把责任推给别人？不推的话，就可能吃亏，尤其是当事情发生、碰到大家都喜欢推卸责任的时候，如果所有人把错都推给一个人，只有那一个人承担，他就惨了。所以，现在大家是不敢认错，而不是不认错。

当一个人做错事情时，如果他心里很清楚地知道这是自己的错误，而且下定决心下次不会再犯这种错误了，他的情绪就会比较平静；如果嘴巴上把责任推给别人，心里也认为自己没有错，那他的情绪就不会稳定。

还有的人经常把责任推给脾气。有人常说他没有办法控制自己的脾气，所以只好这样做。其实人嘴上这样说可以，但是心里头一定要有相反的想法，心里要想着自己的脾气不改对自己是很不利的，一定要改。

实际上，有些人是自己不想加以改变，而不是说无法改变。一个人只要观念一改变，他的整个脾气就会改变。有些人喜欢怨天尤人，说老天不公平，但他的心里想的却是：老天是最公平的，一个人会受到这样的折磨是活该。这样想的话，他就会改变。如果嘴上说老天不公平，心里也承认老天不公平，这个人就永远也不会改变。

人们觉得情绪不好是由外力引起的

很多人都有错误的观念，认为情绪是外面给自己的刺激造成的结果，情绪变化是由外界引起的，事实上不是。人看到一件东西，有时候会很喜欢，有时候会不喜欢，显然情绪是变化的。一位先生第一次到女朋友家，女方妈妈问他吃饱了没有，他明明没有吃两口饭，但是就说吃饱了，其实他不是在说谎话，他真觉得饱了，因为这个时候，他的情绪是高度兴奋的。

一个人既要向外看，也要向内看，这叫作内观，内观是很重要的。人们平时很难了解自己内部的变化，因为大家过分关注外界的环境。有的人不知道自己是怎么呼吸的、肠胃为什么会蠕动、为什么会忽然间脸红紧张，因为他们从来没有看看自己的内部，他们只注重外部的变化。

现在很多人觉得情绪是没有办法控制的，因为环境在变化，而环境变化是人所无能为力的。

比如你看到一个人生气，你就问他："你怎么这么生气？"他会说："都是他惹我的，他不惹我我会生气吗？"然后你去问另一个人："哎，你怎么惹他生气？"那个人就会说："我惹他？他不惹我就好了，我还惹他？"每一个人都知道是"他惹我"的，而没有一个人承认是"我惹他"的。

惹人生气的人很可能是无心的，他不觉得自己惹别人了，因为每个人都有自己不得已的苦衷，立场不同，讲的话就不一样。比如别人向你买东西的时候问："你这个价钱实在不实在？"你敢说"不实在，还有议价的空间"吗？你肯定说"实在实在，当然实在"。你去买西瓜，然后问卖西瓜的人"瓜甜不甜"，他会

> 人只要立场不同，讲的话就不一样，别人没有办法要求他。可是有些人经常把这些都抛开不谈，就认为是别人欺骗了自己，这说明他们对环境没有深入的认识。

说"不甜"吗？说不甜谁买啊？他一定说"包甜"。人只要立场不同，讲的话就不一样，别人没有办法要求他。可是有些人经常把这些都抛开不谈，就认为是别人欺骗了自己，这说明他们对环境没有深入的认识。

真正的环境和人们想象的有很大落差，很多人经常生活在想象当中，不切实际。当有人发现自己的想象和实际有差距时，情绪就会不好。

人们拥有太多的"一定"

人们情绪非常不稳定的主要原因是"一定"。其实世界上的事情没有什么一定的，凡是有"一定"的都是非常不可靠的，偏偏有的人满脑子都是"一定"——一定要表现得好，别人如果表现比他好，他就受不了；一定要考一百分；一定要找个漂亮的妻子……"我只要努力就一定会成功"，不可能。"我只要很仔细就不会犯错误"，不可能，再怎么校对都会有错字，因为校对好像秋天扫落叶一样，永远扫不干净。当一个人说自己派人把院子扫得很干净的时候，他就已经犯了很大的错误，因为叶子还是在不停地往下落，院子里一定是不干净的。

一个人只要有"一定"的观念，他就会失望，情绪也会低落、不安宁。"我这次去，路上一定很顺利。"那是不一定的，假如遇到大雾天气，航班延期；或者火车上人太多，只买到了站票，没有位子坐，他肯定会一肚子火。一切都在变化，怎么可能"一定"

呢？可是人们从小就被灌输了"一定"的观念，所以情绪经常不安宁，这就是情绪负债。随着年龄的增长，人们会慢慢了解，世上的一切都是不确定的，环境时时刻刻在变化，一切都是不一定的，而且都是相对的。

人们提出太多的条件

不能忍受生活中有挫折

家人不能生病，牙齿不能痛，头发不能掉，父母不能老，孩子不能摔跤……人对自己提出了很多要求。为什么不能生病、不能老呢？生老病死是每个人都要经历的事情。不过如果孩子得癌症了，家长的第一个反应基本都是：怎么会发生在我身上？怎么会发生在我的孩子身上？家长不能接受这个事实，是因为他对自己提出的要求太多了。

案 例

有一个人去看医生，说自己的背很痛，医生说是发炎了，吃点药就不痛了。病人说药力过了以后还是会很痛，他想把痛的地方换一个位置。医生说换在哪个位置，病人说换在医生的背上。

有些人希望别人受罪，觉得自己不能够受罪。很多人都认为别人受折磨是一种磨炼，而自己稍微有一点挫折，就是老天不公平。

事实上，人们对别人与对自己经常是双重标准。

忍受不了不美好的事情

有很多人会说"我受不了"，特别是当他到了一个陌生环境的时候，他会觉得无依无靠，觉得吃的也不习惯，住的也不习惯。其实人应该学会"随遇而安"，到哪里就要适应哪里的环境。但是现在有人走到哪里就骂到哪里，走到哪里就把牢骚发到哪里，走到哪里都要跟别人起冲突。

有很多人到国外待了一段时间，回来之后就会觉得自己的国家这个也不好，那个也不好，觉得国外的月亮都比自己国家的圆。他们觉得自己从海外归来，是了不起的，是高人一等的，所以他们不能适应人多的环境。

在美国，部分人住的房子很大，而且房子之间的距离也很大，有时连人影都看不到，许多人都过得很寂寞。所以他们养成了习惯，一回家就把电视打开，因为这样做最起码可以听到声音；或者有的人会养条狗，如果实在找不到人说话就同狗说……这些情况都是不得已才存在的，而不是要以这个为荣。世界上没有一个地方的环境是让每一个人都能满意的，所以，到哪里就要适应哪里的环境。

别人一定要公平地对待自己

有人常常认为："别人一定要公平地对待我，否则这些人就是坏人，坏人就应该受惩罚。"为什么别人要公平地对待你呢？你有你的亲疏有别，他有他的亲疏有别。每个人的立场、标准和处境都不一样，没有理由要求别人一定要公平地对待自己。

人最可靠的是改变自己

人们把责任往外推是没有用的，没有人会因为别人把责任推给他就承担责任，推只是个过程。一个人只有心里承认自己的错误，才有实质上的效果，才会很快改正错误。"自行车为什么丢了？因为小偷太厉害了。"如果你一直这样想，你永远守不住你的车。你即使骂小偷骂得很难听，他也听不到，照样会偷你的车。

其实，车丢了之后要先作自我检讨：我太大意了，我认为自己几分钟就出来，所以没有上锁，以后不可以这样。但是你嘴上可以骂：小偷可恶，不偷别人专偷我的。这样可以减少一些心理压力。但是如果一个人把责任全部往外推，只能是减少了自己的压力，不能解决所有的问题，只有真正改变自己，才有办法得到好的效果。

> 如果一个人把责任全部往外推，只能是减少了自己的压力，不能解决所有的问题，只有真正改变自己，才有办法得到好的效果。

但是现在人们喜欢把责任推给外界，喜欢怨天尤人，认为自己没有办法控制事情的发生和发展，所以情绪始终不得安宁。如果一个人把"怨天尤人"变成习惯，自己也不愿意做自己的主人，那他一辈子情绪都不会安宁。

人最可靠的是改变自己，而不是改变别人。但是有很多人都在走那种没有用的路子，总想要改变别人。比如最常见的"望子成龙""望女成凤"，父母总是希望自己的孩子能比别的孩子出色，所以，他们拼命按照自己的想法去改变孩子，让孩子变成自己想象中的样子。但是，结果往往是不理想的。父母连自己的孩子也改变不了，他们又能改变得了谁呢？孩子只是暂时性地怕你、听你的，等哪一天他长大了、有实力了，反过来你就要听他的。把这些都想清楚，人们就知道该怎么做了。

●●● 第二节　怨天尤人不如反求诸己

孩童时期种下的祸根

人们最通常的一种反应，就是怨天尤人。比如发生了一件不好的事情，很多人都会说："老天啊，你怎么可以这样，你实在是不公平！"为什么人们总是抱怨老天？因为抱怨老天，老天不会惩罚他；事后后悔，老天也没有什么反应。第一，老天不会说话；第二，人骂老天，老天没有反应；第三，老天爱怎么样就怎么样，根本不理人。人们把一切罪过都推给老天，不会得罪别人。

一个人如果对老天不信任，他就开始尤人——把过错推给别人。但是他又不敢把责任推给老板或比自己强大的人，所以就开始欺负弱小。在公司受了气的丈夫，回家会把气撒在妻子或孩子身上；挨了老师教训的高年级学生，会把不满发泄在低年级学生头上，等等。人如果有这样的观念，对自己很不利。因为弱者不会永远是弱者，等他们有一天有能力反抗了，那些昔日的"强者"就倒霉了。

人们情绪不稳定，和自己的童年生活有很密切的关系。比如有些人喜欢撕纸，因为小时候他一撕纸就会挨家长的骂。直到有一天，他学会了偷偷地撕，看到纸就撕。因为家长压抑他，他要发泄，就会在暗地里违背家长的意思。

案 例

我会拿纸给我的小孙子撕，这样他才知道纸一撕就会破，而且有时候是不能撕的。我早晨起来写东西，我最小的孙女就跑过来坐在我旁边。然后她要纸，我就给她纸；她要笔，我就给她笔；看见我在写，她也在那里写。她长大以后自然会爱惜纸，会拿笔来写字，我就不必教她了。如果一大早我就喝酒，她也会有样学样地拿酒喝，这就不好了。

很多人都明白"言教不如身教"的道理，但在现实生活中，人们总是言教多于身教，因为讲道理比较容易。有的家长对子女的要求过高，望子成龙、望女成凤。其实父母可以"希望"孩子，但是不能"要求"孩子。人可以期望高一点，但是不能要求太高。要求太高，小孩子会盲目地抗拒，因为他不抗拒的话就会活得很辛苦。

有的父母不顾孩子的天性，一天到晚教他，耗费了很多时间学这个学那个，但是学的时间久了，孩子就开始偷懒，开始保护自己。所以，会教小孩的人，一旦发现小孩累了，就会让他休息一下，因为如果小孩很疲倦，他就会哭会闹，有逆反心理，这时候再怎样学也没有效果。

最好的幼儿园是不教任何东西的，就像蒙台梭利①学校一样。因为幼儿园的教育是处在一个"摸索"阶段，即老师可以准备各式各样的课程让小孩自由去选择，小孩选择什么，老师就知道他对什么感兴趣，知道要重点培养他哪方面的爱好，别人是不能勉强他的。

童年会有很多很可怕的情绪遗产。小孩在母亲子宫里面的时候与母体是连在一起的，母亲的情绪对他影响深远。所以，一个女人怀孕时，医生经常会让她多开心一点、乐观一点，不要太激动，不要跟人生气，等等，这样生出来的小孩子才会健康。

很多小孩子从小就学会了恐惧，因为他们经常被否定，因为妈妈总说这个不行，那个不行。一个人如果受到很多的压抑，他就会开始依赖父母，因为依赖父母、听父母的话，他才不会挨打。

---

①玛利亚·蒙台梭利（Maria Montessori, 1870—1952），意大利女医师及教育家。她是20世纪享誉全球的幼儿教育家，她所创立的蒙台梭利教育法是对幼儿实施素质教育及潜能开发的优秀教育模式，提倡以儿童为中心，进行"不教的教育"。其中，"自由"是蒙台梭利教育法的基本原则。

但是这样的话,他就会慢慢地逃避现实,去幻想一个很美好的世界,这是不正常的。

利用语言来保护自己

人慢慢长大以后会学会用语言来保护自己。刚开始人是用哭来抗争,会讲话以后就开始找理由。很多人都是理由专家,比如有人把杯子打破了,他会说是因为杯子上有油太滑了他才会打破的,他一定会找一个理由来搪塞、来骗自己。小孩为什么会找理由?多半是妈妈造成的,因为妈妈总说:该死,又打破了。小孩子会觉得自己只是打破玻璃杯,怎么会"该死"呢?妈妈昨天也打破一个,为什么她不该死呢?但他又不敢问,所以就开始压抑自己。等到长大的时候,他就开始叛逆了,不听话了。

人们会利用理由编造一大堆的谎言,这都是后天教育所造成的。小孩子打破玻璃杯,妈妈就要告诉他,打破了就打破了,妈妈也打破过,你要小心地把碎片清理干净,不要被它扎伤了,如此小孩子的心理会很正常。但是现实中,很多妈妈都会大惊小怪,好像小孩做了天大的坏事一样。这样小孩子就开始有很多情绪负债——他一辈子都会跟着倒霉,长大以后,不管发生什么事情,为了避免挨骂,他都会找理由。

长期以来,人们都会用知识推卸责任,而很少用知识来解决问题。为什么会有假药?为什么会有假烟?为什么有很多食品那么可怕……如果去问厂商,厂商肯定会找一大堆理由,说他们自己做不了，只好委托别人做，这是很正常的外包，而且当时提的条件都是合法的，只是"没想到"会搞成这样子；或者自己做的时候合格标准是这样的，等到产品出来的时候，合格标准又变成了另外一个样子，等等。

情绪遗产的干扰常挥之不去

人们从小积累的这些不正常的习惯，经常挥之不去，所以人们不是抱怨老天，就是抱怨别人。有些人经常一检讨，就把责任推出去，不会自己承担。但是有的领导开检讨会时就处理得很高明。他很少说这个错那个错，因为他知道那没有用，只会使大家很不舒服而已。

他一定会说：这件事情，各位都没有错，是我的错，我当初没有考虑得很周到，在过程当中也没有及时提出办法来。他先承认自己有错，然后看大家有什么反应，如果大家说是他的错，那他会自我检讨，看是不是自己领导有问题，要么就是平常真的太不关心员工，引起员工的一致不满。

但实际情况多半不是这样的，一旦他把错揽在自己身上的时候，大家都会比较勇敢地来承担，说这个跟领导没关系，是他们的错。然后作为领导的他就会说：既然每个人都有错，那就每个人都分担一部分责任，也没什么大事，大家把这次错误切切实实地记载下来，以后不犯就好了。这样做既不会引起大家的反感，又能把事情处理得很好。

所以，人必须要先承认自己有错，而不是逼着大家一定要承认错误。有的人常常在做没有效果的事情，就是因为他自己不会去调整，自己的情绪摆不平，别人也就不会相信他。

培养合理的思考能力

一个人要培养合理的思考能力，不能让自己一直生活在外界的影响与童年的阴影作用之下。人是习惯的动物，没有错，但习惯是会改变的。而习惯改变是从观念开始的，观念一改变，习惯就改变；习惯一改变，情绪就改变。一个人要培养一些更健全、更合乎现实的观念，来取代自己以前的观念。比如"家和万事兴"中的"和"就与以前的解释不太一样。以前每家人都很少和外面的人接触，但是现在所有的人都要和外面的世界充分接触。今后，人类最要紧的不是家庭，而是社区，所以，只是"家庭和睦"已经不够了，还要做到使整个社会和谐。

> 人是习惯的动物，没有错，但习惯是会改变的。而习惯改变是从观念开始的，观念一改变，习惯就改变；习惯一改变，情绪就改变。

不过基本的原则不能变，即要有所变有所不变。可以变的是权宜措施，不能变的是基本原则，否则一个人变得连原则都没有，就太可怕了。反求诸己比怨天尤人要有效而且方便。

曾子最了不起的地方就是经常反省自己。曾子没有做什么大官，也没有什么钱，但是他了不起，他每日反省自己、检讨自己，但是对做过的事情并不后悔，他认为凡是发生过的事情都是好事情。一件事是好是坏，是人心决定的，一个人觉得它是好事情，它就是好事情。比如生病住院，有人会觉得"好，我可以趁机休息了"，有人会觉得"我怎么那么倒霉"。而且从好处去想，人就会得到一些教训。

人看到的是坏事情，但不一定是坏事情。比如别人借了你十万块钱，他不还了，他破产了，你怎么办？你现在骂他也没用，告他也没用，打他也没用，你只能告诉自己：这是个教训，幸好是十万，如果是一百万我今天就完蛋了；幸好我当年借他钱的时候，没有去贷款借给他，以后我就知道不能随便借钱给别人了。这样想的话，你的情绪就不会那么激动了。

找人出气不如自求合理

找人出气不如自求合理，怨天尤人也不如自求合理。一个人如果想要管理好情绪，就要常常去检讨自己，常常去调整自己，常常去改变自己。这样做是为了达到一个目的——合理。合理就好了，不要过分。但是有人经常过分或者不及，不能好好掌握"度"的问题。

一个人对人太客气是虚伪，对人不客气是骄傲；对人太好是献媚，对人不好就是有成见。做得太快，别人就怀疑他得到好处；做得太慢，别人就怀疑他心不甘情不愿。他处处要表现，别人就觉得他这个人心很虚，生怕别人不知道他的存在；什么都不表现，别人就觉得他太怕事，连这个都不敢做，那活着干吗？所以，人们是否掌握好了"度"这个问题，对自己的人生是非常重要的。

求人不如求己。盲目学别人，就会埋没了自己。天底下最可靠的就是自己，他人是靠不住的。

●●● 第三节 自己才是情绪的主宰者

道家主张无条件地接纳自己

人的情绪不稳定，和自己所受的教育有很密切的关系。中国文化底蕴深厚，思想流派众多，其中最著名的就是道家和儒家。

道家主张人要无条件地接纳自己。但是大部分人对自己总是不满意：鼻子怎么那么塌，个子怎么不长高一点，眼睛怎么一边大一边小……很多人总是挑剔自己，总是不能接纳自己。其实人是可以改变自己的，只是过程很缓慢而已。中国人最清楚相由心生的道理，一个人的心一改变，他的相貌就会改变，管理好情绪可以真正地改变人的相貌。

一个人的情绪如果很平稳，他就不会到处惹事，不会惹别人不高兴，也不会让别人想办法整他，他自己每天过得很安全，脸上的表情就会始终平和，而不会像有些情绪焦虑的人一样整天皱着眉头。

道家主张人要无条件地接纳自己，具体从以下几个方面来说：

第一，要接受自己和别人不一样。没有老天就没有人，老天就是天地，就是自然，因为有天地自然的环境，人才能够生存。为什么火星上没有人？就是因为它没有天地自然的环境；为什么地球上有人？就是天地自然的环境适合人类生存。世界上的每一个人都不一样，即使是孪生兄弟，彼此也有细微的差别。如果每个人都长得一模一样，那就糟糕了。其实，大家应该很愉快地接受这种现象：幸好自己长得和别人不一样，爸爸才认识我，要不然回家叫他他都不理我。

既然每个人长得都不一样，那每个人都要有自己的个性。可是现在的教育却是要把大家变得都一样，变得没有自己的个性，是让人们有条件地接纳自己，比如一定要考一百分、一定不能输给别人、一定要升级、一定要读完小学、一定要考重点中学……没有必要，有人学习就是不好，但是他们很擅长干别的事情。从这里我们可以看出，道家的主张同现行的教育是刚好相反的。

第二，大家要承认每一个人都是独一无二、不能取代的。政府把一个人的儿子调去服兵役，或者是从事什么工作，假如说这个儿子因公去世了，政府用另外一个人还给他，当作他的儿子，他是不会接受的。因为每一个人都是没有办法取代的，是非常独特的。大家要很慎重地对待自己这个独一无二的人生，这样才会爱

> 大家要很慎重地对待自己这个独一无二的人生，这样才会爱惜自己的生命，爱惜自己的荣誉，珍惜自己的机会，不会随随便便地过一天算一天。

惜自己的生命，爱惜自己的荣誉，珍惜自己的机会，不会随随便便地过一天算一天。

第三，一个人既然长成这样子，一定有长成这个样子的道理。有的人，别人一看就知道他是当将军的；有的人长得文绉绉的，是不会当将军的，别人越看越不像。个人有个人的理想，个人有个人的条件，个人有个人的需求，因此大家最好不要跟别人比来比去。有些人最喜欢比来比去，结果就产生了很多痛苦。其实一切顺其自然最好，比如个子矮的人要觉得很高兴，因为要擦天花板的时候不会找他；个子高的人也要很愉快，因为有些东西只有他自己抓得到，打篮球的话也占便宜。一个人会长成什么样子，就是为他这辈子要做什么事情的一个准备，所以大家应该去体会自己长成这个样子是要做什么的，而不能老想着自己长得不漂亮或者长得不帅。

第四，一个人就算能力不强，就算被别人看不起，也没有什么好计较的。因为人一生下来就是不平等的，只要活着就是不平等的。一个人能力强，很可能是遗传父母的优良基因，或者家里有条件供他去学习各种技能、见各种世面；有的人能力差，可能就是没有条件去学习。人们很多观念，都是从不平等而来的。比如有人生在富贵之家，就会觉得自己高人一等；有人生在贫困之处，就会觉得自己一辈子抬不起头来。其实，不用计较这些，只要认真安排自己的人生，照样能活出精彩。

第五，不要去计较世俗的评论。有的人非常计较世俗的评论，比如有些明星选择自杀结束自己的生命，就是因为受不了别人整天的议论，心理压力太大。其实，别人说什么是别人的事，自己做什么是自己的事，如果整天活在别人的评论中，迟早有一天会受不了的。

儒家主张无条件的快乐

人们种种的情绪反应，就是因为给了自己太多的要求和条件，使自己无法对自己满意。从某种程度来讲，这是一种好现象，叫作自我激励；但是，从不好的方面来说，这就是给自己的压力太大，会让人未老先衰、得忧郁症，甚至会严重到得自闭症，不和别人来往。如果大家现在想有一个新的开始，那就告诉自己要重新选择自己的未来。

一个人是要有条件地接受自己，还是没有条件地接受自己，是人的第一个选择。儒家主张无条件的快乐：有钱也快乐，没有钱也快乐；有工作也快乐，哪天失业了还是快乐，即要随遇而安。一个人只要有条件，就不可能快乐，因为条件不可能一直都被满足。

给自己一个清晰的目标

人是自己情绪的主宰者。大家首先要坚定一个信念，就是人可以改变一切。如果你给自己这个清晰的目标，它就会产生力量，否则它就没有力量。"心诚则灵"就是说如果心里有个清晰的目标，自己希望的事情就会发生。

人是观念的动物，"心想事成"是说观念可以决定一切，一个人的言行是根据自己的观念而改变的。有些人去买东西时，看不起那些小贩，但是现在他的想法需要改变了：我不要得罪他，如果得罪他，他会把坏的东西卖给我，那样的话我就得不偿失了。

人要改变自己，唯一的方法就是要调整自己的观念，面对自己的一切，找到一个合理的反应。长期以来，人们的很多观念都被扭曲了，比如家务一定是女人的事情，男人可以下了班之后什么都不做。以前男人忙于种田，回来已经筋疲力尽了，家里的事情当然女人就要负担起来了；但是现在大家都有工作了，就不能把家事完全交给女人，男人也要负担一些。先把观念调整过来，再作合理的反应。但是这种反应又不能过分，过分到说把所有事情都交给男人，变成男人要叫苦连天了，同样是不合理的。

案　例

现在出现了一种很奇怪的现象，就是"你洗一餐我洗一餐，大家平等"。有一对年轻的夫妻，就是为了"你洗一餐我洗一餐"闹到离婚的。因为丈夫比较老实，轮到他洗碗的时候，他就乖乖地洗。但轮到妻子洗碗的时候，妻子就把剩菜放在冰箱里面，下一顿吃完了，让丈夫一起洗。

一个人过分精明了，会害死自己，因为过分精打细算，是没有人能够和他相处的。一切都不要过分，一切都尽量求合理，这就叫作理性，叫作逻辑。

感谢赐予你逆境的众生

大家要感谢赐予我们逆境的众生，要轻轻松松、快快乐乐地去接纳一切。比如一个人摔了一跤，他摸摸头还在，就觉得幸好头还在，那他就会觉得很愉快，而不是因为摔了一跤就愁眉苦脸，觉得自己倒霉。

> 结果是大家不可能控制的，但过程是可以调整的，所以要尽量去调整过程，而不必太计较结果。而现在人刚好相反，都是结果论。不管用什么办法，只要考及格就是及格了，这是不对的。

结果是大家不可能控制的，但过程是可以调整的，所以要尽量去调整过程，而不必太计较结果。而现在人刚好相反，都是结果论。不管用什么办法，只要考及格就是及格了，这是不对的。有些人要考试时都很有把握：我这次充分准备，一定会考高分。但是进考场以后，发现出的题目他都不懂，这个时候他是道家：这个老师专门给我捣蛋，会的不出，不会的每个都出。不过既然已经这样了，那我就会的多写一点，不会的写得更多一点，争取同情分。

老师一看他不会还写这么多，好，给六十分算了。但是现在的老师也没有道家思想：写那么多，没有一个是对的，零分。很多人现在不接受这些观念，所以搞得大家无所适从。考完了，老师公布成绩了，有人考全班最后一名，会很伤心吗？不会。他会想：

幸亏我是最后一名，才救了你们，如果我不是最后一名，你就是最后一名。这种"阿Q精神"有时值得大家合理地去运用。

让情绪跟着心情走

从现在开始，大家要让自己的情绪跟着自己的心走，也就是要确保自己选择的权利，这是自主性的表现。别人都认为不好的意见，你可以认为好，只要你不妨碍他们，这是你的权利。不同的当中，有同的部分，大家只有尊重不同的选择，才能实现"大同世界"。什么叫大同？大同不是完全相同，而是彼此有点不同，即要"大同小异"。如果每个人都一样，那就是"一同"，而一同是不可能实现的。

一个人要先接纳自己，肯定自己要走的路是和别人不一样的，这样才会走得自由自在。只要他不去干预别人、不妨碍别人，爱怎么走是他的自由。这样的话，每个人都会找到一条适合于自己的路。

花是红色的好看，还是黄色的好看？如果全世界的人都认为红色的好看，那大家就很可怜了，因为世界上永远只有一种红花，其他颜色的花都不见了，没有人种、没有人买，也没有人插。如果有人喜欢红的，有人喜欢黄的，有人喜欢紫的，才会各色各样的花都有，没有必要要求一样。有些事情是要一样的，有些事情不一样反而更好。人要同中有异、异中求同，而不是完全一样，也不是完全不一样。

●●●● 第四节　人都是独一无二的

人与人之间有个别差异

人有共性，也有个性

有些人最擅长做的一件事，就是同时说两句很矛盾的话。比如一方面说"人同此心，心同此理"，另一方面又会说"人心不同，各如其面"。"人同此心，心同此理"是指人类共通的部分，共同的性质就叫共性；而"人心不同，各如其面"是指人们的个别差异，就是个性。一个是共性，一个是个性，两个都存在。

人与人之间有很多地方是相通的，比如饿了就要吃东西，疲倦了就要睡觉。有很多人说他睡得很少，其实不必介意。因为按照人们共同的生理需求，当一个人实在受不了的时候，他自然就睡着了；他还撑得住，就表示他根本不用睡这么多。所以，并不是说每个人的作息时间一天到晚都是相同的，要同一时间休息，同一时间睡觉等，因为有人睡八个小时才够，有人睡六个小时就行了。

拿破仑只睡三个小时，但如果有人说自己学拿破仑，也睡三个小时，那他一定会死得很快，因为拿破仑睡三个小时，有一个辅助的条件，就是只要打个盹儿他就能消除疲劳，那当然可以了，

90

但是一般人做不到这个样子，所以不要盲目地和别人保持一致。人有共同的部分，使得大家很容易彼此了解；但是人也有个别差异，这是让人很头疼的事情。一对同胞兄弟，父母是一样的，但是生下来就是不一样，因为一个人遗传了爸爸这部分，一个人遗传了妈妈另一部分，遗传的部分不一样，组成的人是不一样的。所以即使是孪生兄弟，也有很多地方不一样。

个别差异使情绪反应表现得不相同

个别差异，是使得人们情绪反应会产生不同的主要原因，所以大家必须尊重个别差异。有的人喜欢喝茶，有的人喜欢喝咖啡，喝茶的人就不要去批判喝咖啡的，大家各喝各的。钱穆教授在中国一定喝茶，可是到了西方，他一定喝咖啡。因为他说美国没有好茶，自己只好喝咖啡；回到中国有好茶，就不用喝咖啡了。

有人到美国，非要花很多时间去吃中国菜，他们不愿意去尝尝麦当劳；有人到美国，宁愿开车两三个小时，也要去吃一顿中国菜，没有中国菜他就不吃饭。如果人连这点弹性都没有，情绪怎么会稳定呢？其实，在美国很难吃到正宗的中国菜。

▌案　例

有一次在美国中西部，好不容易看到一个中国餐厅，我们几个人就进去了。进去以后，我看到一个中国人往里面一直跑，就觉得很奇怪，我问服务员刚才是不是有个中国人往里面跑。他说有，是老板，老板只要看到中国人就往里面跑。我就到里面找老板，我问他为什么看到中国人就往里面跑，他说不跑不行。

因为他是来这里读书的，结果后来读不下去，又不敢回家，什么都不会，就开了个中国餐馆，可是自己又不会做菜，就买了个食谱，菜也是买的现成的，专门骗老外，如果中国人来吃饭就会发现这个秘密，所以他看到中国人就躲。

如果你一开始就骂别人和自己不一样是不对的，因为别人有别人的道理，只是你不了解而已，每个人都有自己的独特之处。所以大家要彼此包容、彼此谅解，尊重各自的差异性，这样大家的情绪都会很稳定。

个别差异的主要来源

面对同一件事，每个人的情绪反应不同

人们面对同样一件事情，经验不一样，立场不一样，喜好不一样。比如看电视，很多人喜欢看足球比赛，而且非看不可，晚上不睡觉也要看；但是有的人就不是这样，他什么节目都可以看，但是会配合自己的时间，他有时间、有精力才去看。为什么一定要说自己是标准的足球迷，一定要看足球赛，好像不谈一些足球，就赶不上时髦了一样呢？

不过，每个人都有自己的立场，大家也不用彼此看不惯。

文化、家教、性别、个人特质不一样

面对同一件事情，人们的看法不一样、感受不一样，因为文化不同、家教不同、性别不同、个人的特质不同。比如美国小孩一到 18 岁就要离开家庭，如果他不离开家庭，就会觉得很丢脸。美国人抚养小孩到 18 岁，18 岁以后小孩读大学，他就开始自己去贷款，将来毕业以后，再去还这部分钱。

而在中国，孩子要读书，肯定是家长出钱，中国父母很辛苦。中国家庭是无限公司，美国家庭是有限公司。美国人宁可把他的财产捐给社会，也不会给自己的孩子。中国人是再怎么样也要留给自己的孩子。文化不同，导致人们的看法不一样，没有谁对谁错，而是各有利弊。

在夏威夷，人们会发现，有的人一大早去游泳，游完之后，挖一个沙坑，把自己埋在坑里面，沙埋到脖子那里，晒一整天也不会头晕。但是有的人晒一个小时，就晕倒了，所以他们会躲在椰子树底下，或者会撑把伞。

有时躲在椰子树下面的人被掉下来的椰子砸昏了，有人告诉他们去告夏威夷政府，一告得到几百块美金的赔偿，那有些人就有兴趣了，他们不但躲在那里，而且还摇椰子树，看看椰子会不会掉下来，结果搞得夏威夷政府把即将成熟的椰子都给摘掉，所以造成了夏威夷海边的"椰子不结果"的现状。谁对谁错？没有人对也没有人错，因为每个人想法不一样，这是个人长期积累的生活经验不同所造成的。

家教不同。每一个家庭都有独特的家风，这会造成自己的看

法和别人不一样。

男女是平等的，但是性质不一样，同潜不同质。而且每一个人体质不一样、嗜好不一样、学习和成长的背景不一样，所以大家要彼此尊重。

深入了解有助于彼此更加包容

大家首先要明确一件事，即包括自己在内的每一个人都会有一些错误的观念。如果能时时刻刻想到这些，每个人都会使自己的修养变好。但是，在现实生活中，人们常常先入为主，经常自以为是、以偏概全，非常自我而否定了别人，认为自己是正确的、别人是错误的。每一个人多多少少都有这方面的缺点，而这个缺点，最后会让自己承受"不安"这个后果。所以大家要了解周围的人，了解他们的爱好、脾气，了解他们的观念和自己不一样的地方，然后加以理解，互相包容，做到和谐相处。

> 情绪上所有不良的反应，是每个人都有的，但是程度不一样，方式也不一样，所以只能靠自己去调整，因为只有自己才最了解问题在哪里。

情绪上所有不良的反应，是每个人都有的，但是程度不一样，方式也不一样，所以只能靠自己去调整，因为只有自己才最了解问题在哪里。比如说有的人一被别人讲到自己痛点的时候，他的反应就会非常激烈；有的人不会，他听到别人讲他的错误，他会很仔细去听，然后改正；而有的人会和别人争辩到底，死不承认。

我见过一个人，别人在台上指名道姓地骂他，他在那里听，好像在听别人的事情一样，无所谓。有人就问他：那人在骂你，你知道吗？他说当然知道了，从来没有人像他这样骂过我，而且他每到一个地方一定这样骂，我对他很习惯了，大家也知道他是乱骂的，那我有什么可气的呢？这个人的修养就是非常好的。

人们不全好也不全坏

人们不全好也不全坏，有些人一直希望自己全好，不可能；一直希望别人全好，也不可能；说这个人全坏，更不是事实。人的行为只代表自己的一部分，并不能代表全部。比如有的人只是嘴巴坏而已，心很好，是"刀子嘴，豆腐心"。反之，有坏心眼的人，嘴巴却往往很甜。

别人有缺点自己也有缺点，不用责怪自己，把自己贬得很低。一个人只要不断地把好的部分增强起来，把不满意的地方慢慢修改，让它减少就行了。

人们深受环境的影响

虽然大家不能接受环境决定论，但我们还是要承认环境对人是有很大影响的。因为人毕竟是社会的一分子，在这个社会里面，人要生存，就不可能不被外力所吸引、所影响。比如塞车，我在世界各地旅游，经常能听到相同的话：哎呀，又塞车了。其实全世界的都市没有一个不塞车的，塞车是平常的事，到华盛顿地区，过一座桥可能要等四十分钟；在台北，看到了自己想去的地方，可是半个小时也到不了，但是如果人下来走路很快就到了。

人的个性是人的社会个性，因为人的存在是依赖这个社会的，没有这个社会，人活不了。人一定要群居，也是因为一个人不可能把事情全做了。人是独立的个体，但也是社会的一部分，所以人的反叛性不能太强。当所有人都靠右走的时候，你要勉强自己靠右走；当红灯亮的时候，你要勉强自己忍耐去等待。人们要接受社会的约束，接受文化的规范，不能太叛逆——一个人在社会中，就要接受团体的约束，因为他是团体的一部分。

> 人们要接受社会的约束，接受文化的规范，不能太叛逆——一个人在社会中，就要接受团体的约束，因为他是团体的一部分。

每个人都是独一无二的、活生生独立的个体，每个人都有自我，大家要自我约束，不要太过自我，一定要为别人着想。所以一个人前半夜要想自己，后半夜一定要想想别人，但是很多人说自己后半夜睡着了，如果去想别人的时候睡着了，就是这个人不关心人。

做任何事情，大家一定要记住，除了"我"以外，还有别人的存在，而且不要只局限在"我和你"，因为还有个"他"，"他"比"我和你"更重要。因为你们两个人的对错，是他人在决定的。比如有两个人在这里争辩，都说自己对，但自己说是没有用的，要"大家"来评判。"大家"看你错你就是错，"大家"看你对你就是对。这个"大家"就是"他"。所以一定要尊重第三者的存在，要尊重他人共同的评判。

世界上的事情其实是"团团转"，而不是直线性的。但是现在很多人受西方思维的影响，直线思考，对就对到底，错就错到底。其实对会变错，错会变对，中国人的思维是转来转去的，这是阴阳文化造成的。

● ● ● **第五节　改变自己就在影响别人**

人是习惯的动物

人是习惯的动物，是生活在一连串习惯当中的。习惯是逐渐养成的，所以，改变习惯并不是件很容易的事情。但是如果不改变的话，又叫作不长进。一个人要长进，唯一的办法就是改变自己的习惯。

改变习惯最好的办法是什么？有的人说是用另外一个习惯来取代这个习惯，这是最容易的。比如说抽烟的人，要他戒烟实在很难，所以有人就会买一个假的烟斗，然后放在嘴巴上，慢慢取代那个真实的香烟。还有的人买一包自己最喜欢抽的香烟，放在口袋里，自己闻得到、看得到、拿得到，但就是不抽，这种人最了不起，很有毅力。也有人说：我要戒烟了，你们不能抽，不能让我看到，你一抽我也要抽。这种人是永远戒不掉的，因为他没有面对问题的勇气，没有坚韧不拔的决心。

案　例

　　我爸爸是抽烟的，从小就让我点烟给他抽，因为他在忙着做事情，所以从小我也会抽烟，而且是名正言顺地抽。但我现在是不抽烟的，因为我觉得：第一个，太花钱，抽的烟足够人买很多东西；第二个，长时间抽烟，牙齿一定会变黑，很难去掉；第三个，越来越多的地方开始严禁抽烟。有这么几个观点以后，我就不抽了。

　　所以，任何习惯，大家不要用对抗的心情去看它，不要用厌恶的心情对它，要去尊重它，要用更好的方法、更好的习惯去取代它。

没人愿意被别人控制

　　有人情绪不好的时候，就习惯找一个出气的对象来发泄一下。其实这个是没有用的，要找发泄的对象很容易，但是要改变对象几乎是不可能的。他只是让你骂骂，并不当一回事。如果一个人把希望寄托在别人身上，是不切实际的，因为没有人愿意受别人的控制。

　　但是你如果要求一个人完全不找借口、完全不想办法安慰自己，而是承担所有的责任，其实也是不切实际的。只是当一个人把责任推给别人的时候，他心里要明白：我还是要调整我自己。

一个人要改变别人是很困难的，改变自己会更容易。大家到庙里头去，如果哪一天看到观世音菩萨也在念经的时候，就去问问观世音菩萨在念谁的经。她就会告诉大家，她在念自己的经，因为念别人的经没用。

每一个人只能够控制自己，很难去掌握别人，求人不如求己。一个人去读别人的"经"，试了半天不灵，因为是别人在控制；而这个人读自己的"经"，读来读去就灵了。求人不如求己，求神不如求人，现在神站在那里，它想帮这个人忙，但是它无法行动，因为它没有身体了。其实，物质是最高度密集的精神。神很灵，但是它不能行动，因为它没有物质，即它没有身体。不要小看物质，世间的一切都要通过物质来运作。当精神的能量最密集的时候，它才可能变物质。

> 每一个人只能够控制自己，很难去掌握别人，求人不如求己。

除非有密切的利害关系，一个人才会听别人的话，而且多半也不是心甘情愿的，后遗症会很严重。

改变自己较具主动性

改变自己的人生是比较自动和主动的，即一个人怎么想，他就会产生什么样的感受。同样的天气，有人觉得很好，有人觉得不好。天气是客观的存在，但人有主观的感受。

假如一个老板改变了自己，所有的中层干部也都会改变。比如老板喜欢打乒乓球，他的中层干部回家就会拼命练乒乓球；老板如果喜欢打篮球，他的中层干部自然会组织一个篮球队。有些人眼睛是往上看的，员工会揣摩上司的心思，他会投上司所好，会让上司认为自己本来就是喜欢打篮球的，成立篮球队之后，他们会找到对象跟篮球队有互动，每次要出去比赛的时候，这些中层干部一定会派先头部队过去拜托对方：不要让老板"吃火锅"，不要赢太多……

但很多老板是不知道的，即使你告诉他，他也会说不可能。所以，当老板的尽量不要让中层干部知道自己的喜好，否则会影响团体的情绪和运作。因为老板喜欢篮球，中层干部里面篮球打得好的都获得升迁，那大家都会拼命练，要不然就没有前途了。

老板有什么嗜好，是自己的事情，不要和中层干部扯在一起。如果老板喜欢喝酒，中层干部也要把酒量练出来，要不然就没有办法与老板磨合，就得不到他的信任。如果经常这样做的话，整个企业文化就会倾斜、会扭曲。

改变自己可改变别人

改变别人最有效的办法就是改变自己，这叫"以身作则"。改变小孩子最有效的办法，就是爸爸自己改变。但是如果爸爸改变不了的话，就要做到"以身为戒"。比如一个爸爸想戒烟但戒不掉，他就告诉儿子，说自己也不喜欢抽烟，但是戒不掉，这是自己的毛病，让儿子不要学。

也就是用自己来做别人的一面镜子，儿子知道警戒，爸爸也收到了效果。做爸爸的坦白给儿子讲自己什么都戒得掉，就是抽烟戒不掉，要不要抽烟儿子自己决定，儿子反而不会抽。不用完全以身作则，因为大家都不是圣人，但是要做到"以身为戒"就比较容易。这也是比较好的教育方法。

自己的情绪一定会影响别人，所以做妈妈的如果情绪很平稳，这一家人一定相处得很快乐；但是如果妈妈本身情绪激动得非常厉害，那小孩和她在一起就没有安全感，因为小孩不知道自己什么时候就会挨打挨骂，他的情绪不会健康。所以父母在家里面不要有什么事情就骂，有什么事情就开始吵架。父母可以规定个时间，比如每天晚上七点半到八点，全家人集合一下，看看谁有什么错误检讨一下，除了七点半到八点以外，所有时间都不要谈这些问题。

大家要记住几句话：第一，你的情绪会影响到别人；第二，你要让别人平稳，你就要自己先平稳；第三，一旦发生什么错误，你先改变自己，别人很快就会跟着改变。

> 大家要记住几句话：第一，你的情绪会影响到别人；第二，你要让别人平稳，你就要自己先平稳；第三，一旦发生什么错误，你先改变自己，别人很快就会跟着改变。

自己要有意识地演化

人类已经开始有意识地演化，所有人都要有意识地来改变这个世界，否则的话地球会毁灭，人类会消失。按目前的状况，大家可以看到，南北极的冰川一直在融化，海水会不断地高涨，再加上排放二氧化碳的量也比较多，地球的温度会越来越高。温度高，海水跟着涨，陆地就会被淹没。日本人现在已经恐慌了，因为很可能有一天东京忽然就不见了；荷兰人也很紧张，因为他们的国土本来就低于海平面，现在更要把那些防护堤加高了。

如果现在的状况一直持续下去的话，这样的日子会提前来到，但是如果大家都小心注意的话，它就会变慢——一切都是人在控制的。比如现在提倡每月少开一天车、空调的温度不要太低等，就是政府在控制，因为现在几乎每家都有空调，所有人把热气排出去了，那外面就更热了，热气不会自己消失掉的，大家只是把痛苦转移给别人而已；而且一个人长期处于空调房，生存的弹性会减小，这两年全世界热死的人很多，除了有些地方的气温实在超出了人们的承受能力之外，还有一个原因就是有些人的弹性变小了，享受惯了舒适的生活，不能适应突然变化的环境。

大家要稳定情绪，要用很正确的观念来面对未来。比如说要发展公共交通，要有公交车，要有地铁，而不是让每一个人都开车。什么叫作交通？交通就是没有办法把人直接送到家；但是现在大家认为交通就是要直接送到家，结果马路越宽越拥挤。

吃自助餐是最浪费的，每一个人都撑得不得了，对健康非常不好。没有信用卡的时候，大家都会量入为出；有了信用卡以后，大家就开始大手大脚地花钱，会用这家银行的贷款去还另一家，然后又开一个新卡，拆东墙补西墙，到最后欠银行很多钱，还不清只能选择破产或跳楼自杀。很多人现在都是寅吃卯粮，一辈子负债。这样的人情绪是不会稳定的。

人人都要发挥参考力

什么叫作参考力？就是一个人会很自然地学别人，而不是强制自己要和别人一样。一个人最有价值的地方就是有参考力而不是有权力。如果你今天去勉强别人、限制别人，而不是去潜移默化地影响他，他一定是心不甘情不愿地接受你的安排，只要你一放松警惕，他就会做更坏的事情。因为人都是有逆反心理的。

大家不要存心去影响别人，不管自己的社会地位有多高，学问有多大，钱财有多少，一定要做到以身作则或者以身为戒，而不是强制别人去执行自己的命令。一个人把自己管好，大家很愿意同他在一起，会很自愿地模仿他、跟他学。

> 大家不要存心去影响别人，不管自己的社会地位有多高，学问有多大，钱财有多少，一定要做到以身作则或者以身为戒，而不是强制别人去执行自己的命令。

《周易》里面为什么只有"咸"卦没有"感"卦？因为"咸"和"感"的最大不同，就是一个有心一个无心，有心、存心要去感动别人，这都是虚假的。有的人做了好事，就存心说自己做了好事，到处宣扬，这是没有好报的；而有的人做了好事，就会觉得是自己应该做的而已，他才会有好报。有心种花花不开，无意插柳柳成荫。

第五章

● ● ● ● ● ● ● 人要"看开"，不要
"看破"

有治标的方法，也有治本的方法，只有找到合理
的方法，才能正确管理自己的情绪。

●●● 第一节　管理情绪时常见的治标方法

几种常见的治标方法

人都是边学习边长大的。在人生的过程当中，大家都积累了很多稳定情绪的方法：

有的人会弄一个目标让自己把愤怒和不安的情绪通通发泄出来。比如，弄个沙袋，通过让人使劲打沙袋发泄。日本的很多公司都会有一个小房间，里面有橡胶人，上面写着公司领导的名字，如果员工不高兴，就可以去打这个橡胶人，出来以后，人的情绪就会平稳一点。

有的人会写信，这也是很常用的方法。当一个人对某人很生气，气到晚上睡不着觉的时候，他就会拿笔在纸上写道：某某你是世界上最大的混蛋，你……把他能想到的最恶毒的骂人的话通通写下来，写一大堆。可是他不会马上把信传真给那个人，也不会马上寄给那个人，写完之后他就把信放在桌子上，第二天早上起来再去看，他会觉得很可笑。人在气头上，在高度激昂的情绪之下，是相当不理性的。但是时过境迁，大家会觉得那没有什么了不起。

有的人会选择出去散步来缓解情绪的不安。比如在公司里，领导告诉员工要做什么，但是员工做不到或者他根本就不能接受领导的建议时，就会借故出去走一走，让领导找不到他，领导就知道他有意见。在家里也一样，如果是夫妻吵架，那就出去散散步，然后再回来。当情绪稳定的时候，很多天大的事情，人都会觉得不算什么；但是在气头上时，小事也会变成大事。

> 情绪稳定的时候，很多天大的事情，人都会觉得不算什么；但是在气头上时，小事也会变成大事。

所以夫妻们要注意，当另一半声音很高的时候，你不要比他更高，对方说话声音越大，你说话声音就要越小，他就会慢慢小声下来。就好像一个人去别人家里，一开始问："有人在吗？"那人一定说："在这里呢，干吗？"如果说："请问有人在家吗？"那人就会说："有何贵干？"他会按照你的标准来回应，因为这是刺激和反应的一种频率问题。有的人出去看到有什么不对的地方，就会找个出气筒发泄，比如日本人玩的游戏Pure Pinball[①]，就是一种发泄的方法。

每个人一定会找到一种消气的方法，但是基本上没有太大的

---

①Pure Pinball，完美弹珠台，可以模拟真正打弹珠的一种电脑游戏。

用处，因为这些方法都是治标的，只会在短暂的时间里让一个人消消气，不能解决根本问题。同时这种方法用多了也没有用，比如第一次写信的时候，大家会认为是真的，把它当一回事，但第二次会自己笑自己：写了半天还不是不寄，干脆打电话去骂好了。

所以，这种治标的方法少用为妙，因为它没有触及问题的核心，徒劳无功。就好像一个人睡不着，别人告诉他要数绵羊，数数就会睡着，可是他越数越精神，数到一千只还没睡一样。

让情绪变好并不简单

要让情绪变好，其实不是很简单，除非大家能找到正确的方法。人们回家的时候，肯定希望和家人好好相处，没有人希望回家大发脾气。但是有人一回到家就发脾气，因为他一回家就会看到不顺心的事情，比如家里太乱了、孩子淘气了等。

有些人很容易发脾气，情绪非常不稳定，因为他们太敏感。别人随便说一句话，没有什么用意，有的人就会觉得那是针对他的。比如有人说：最近有人买了很多漂亮的衣服，好像要炫耀自己。其实他在说另一个人，但是有的人马上就会想到自己：是不是在说我？我这样做关你什么事？这就是"言者无心，听者有意"。

西方这种事情比较少，因为西方人不太去管这些事情；中国人在这方面就会花很多的心思，会用这种旁敲侧击的方式来暗示、提醒别人。所以在中国社会，如果一个人对什么都很麻木、都没有反应的时候，别人就会觉得这个人很奇怪，是很难相处的。

人要"看开"，不要"看破"

有些人喜欢说"看破红尘"，其实人是不能"看破"的，因为一看破就会很消极，无所作为。但人也不能斤斤计较，不然就会时时不愉快，常常痛苦。那人要怎么样？我以为，人要"看开"，但不要"看破"。不过很多人分不清楚，他们认为看开就是看破，这是不正确的。

"看开"就是说：我不会常常倒霉，就这次，别人也碰到过，只是他碰到我不知道而已。这样大家就不会觉得别人都那么好运，只有自己那么倒霉了。有时大家看见一个人总是穿戴得整整齐齐，面带笑容，讲话也很有精神，觉得这个人好像从来没有病过。其实在他遭遇到不幸时，他在家里受疾病折磨时，大家又何尝知道。

做人应该有一颗"平常心"，这话听起来很平常，但事实上很不平常。如果无论发生什么事情，都认为没什么大惊小怪的，这个人的情绪就会很稳定。

使用药品麻醉很可怕

现在，除了烟酒以外，有些人会用毒品来麻醉自己。但是毒品只会让人一时觉得身心舒畅，而且人在过了那个时间以后，就会对此产生上瘾的感觉，陷入一个很可怕的境地。当初发明这个东西是为了做麻醉剂用，让人在做手术时少一些痛苦。但是现在很多人忘记了它的原始作用，为了追求一时的快感而乱用。

任何一个新事物的产生，都有它产生的原因，而且刚开始原因多半都是很正当的，因为人类不可能平白无故去制造一些害人的东西。但是这些东西到后来会越用越乱，造成很多后遗症。比如人类制造刀具，本来是要用来切肉、切菜的，绝对不是为了杀人，除非是兵器，但现在人们会拿菜刀杀人；人类制造手机，是为了方便人们之间互相联系，但是现在有人却通过手机进行诈骗活动。所有这些都是人的问题，不是工具的问题。

调整心态，效果持久

调整心态是调整情绪的唯一可行的方法，心态是自己可以调整和控制的。一个人只要改变心态，就会改变整个情绪。长久以来人们都认为自己是被事情所困扰的，其实不对，人类是被自己看待这个事情的观点所困扰的，是自己在困扰自己，而不是外界的环境在困扰自己。

案　例

在飞机上，一个人正在座位上休息，另一个人走过来，打开行李箱，拿出一瓶威士忌，结果没拿稳，砸到了他头上。此时，一般人都会站起来，要么要求赔偿，要么和那个人没完没了；但是他没有，他摸摸头，只想着：幸好头没有被打破，如果打破了我就要去医院，多麻烦。另一个人说对不起，他说就这次，下次就不要了，自己会受不了。后来两人之间也没有发生争吵甚至打架的事情，因为被砸者的心态调整了，所以整个事情就被化解掉了。

所以，当一个人摔跤的时候，他首先要想，幸好没有摔断骨头；如果他一紧张，觉得不得了了，自己要变瘸子了，自己以后不能走路了……那就不好了。其实很多妈妈的教育是错误的，她们一直教小孩，如果摔跤了，看看是谁害他摔跤的，如果是个小板凳，就要在地上打它、踩它、骂它，这是不对的，因为小孩子会有情绪负债。但是骂小孩也不对，那样他会有罪恶感。

当一个小孩摔跤的时候，妈妈最好的办法就是不要动，也不要说话，让他自己站起来，再问他有什么地方痛没有。就事论事，不要谈到情绪问题，他就不会引发这些情绪的反应，然后妈妈告诉他没有关系，谁都会摔跤，妈妈以前也摔过，以后小心一点就行了，小孩子就不会有什么情绪负债。

人们不是被事情所困惑，而是被自己对事情的看法所困惑，而看待事情的这种观点，是人类自己可以控制的。比如一个人去买了一瓶酒，回家后尝了一口，觉得很难喝，他会有什么反应呢？首先，他会想到自己上当了，要把钱要回来，不然就吃亏了。这样想的话他会很不愉快。但是如果他换个角度想一下：天底下竟然有这么难喝的酒，自己以前还没有喝过。那就没事了，反正钱已经花了，根本要不回来，再去找别人，还是弄得自己生气。以后他就会记得买酒的时候，要先倒一点点品尝品尝，然后再决定买还是不买。这样的话他就不会再有什么情绪负债了。

人类对事物的看法是可以控制的,所以情绪是可以被左右的,是可以被管理的。把自己的心态调整好,人就能够有效地稳定自己的情绪。

治本和治标可以同时并进

治本和治标其实可以同时并进,因为治本很难,需要时间。

人对未来是充满期待的,比如你与很久未谋面的一位高中同学见面,你会期待他是容光焕发的,是很欢迎自己的,会主动照顾自己,但是当情况不是这样的时候,你就会很失望,甚至很愤怒,觉得自己运气很不好。但是,如果你能调整一下,认为幸好自己这个时候来,才知道他与以前不一样了,他现在有些落魄;如果不来,就不可能了解这些情况,想帮忙也无从帮起,自己来得及时。这时候你应该就不会太激动,情绪会相对稳定一些。

还有当自己的孩子考试成绩不好回家的时候,家长就要想想看,以前自己也曾经考得不好过,这时候家长就会说:孩子,才一两次没考好,没有什么稀奇的,你不会常常这样的。因为孩子会有一个期待,会希望家长鼓励他,希望家长给他机会,而父母如果正好吻合他的期待,双方就都会很愉快。

人们无法改变外界,但是完全可以控制自己。比如一个人想要一杯水的温度符合自己的需要,那是很难的,因为它随时在变化,因为天气的关系,它有时候冷得很快,有时候冷得很慢;如果这个人对它没有什么期待，能喝就多喝一点，不能喝就等等再喝，那他的心情就不会受到影响。

当人们把自己寄托在一个无法掌握、无法控制的基础之上时，是无法管理自己的，更谈不上管理情绪，因为一切都是别人在操控，一切都是外来的干扰。你管不住外面的汽车声音，你也不知道自己的手机什么时候会响。在今天的社会、今天的环境中，一个人要求别人配合自己是高难度的，是几乎不可能的，所以人们只能改变自己。比如当你觉得某种声音很刺耳的时候，你就试图去听所有的声音，当你去听所有的声音时，你就听不到这个声音了。

案 例

有一个人有100套西装，每次外出要穿西装时，他都会犹豫半天，不知道自己穿哪一套比较好——有太多的选择，就等于无从选择。他每次都把自己弄得很不高兴。其实，如果他能改变一个观念，认为自己穿哪一套西装根本没有人注意，高兴穿什么就穿什么，那他就不会那么不高兴了。

同样，在日常生活和工作中，大家也不要觉得自己是多么的受人重视、受人关心。有的人不小心弄了一点小伤，就嚷嚷得全世界人都知道。其实，没有那么多人在关注你，所以你不要总是在乎别人的看法。

人的观念和心态一改变，他的情绪就会很稳定，出去碰到下雨他也很高兴：这个时候来点雨，对树木、大地都好，自己淋一点也有贡献。事实上，很多苦恼都是人自己找的，很多不安宁也都是人自己想出来的，人类最大的敌人是自己，所有的痛苦和不安宁，都是自己找来的麻烦。

要想摆脱它，人类唯一的办法就是改变自己的心态。就像别人端上一碗面来，你不要说它一定要好吃、一定要符合自己的口味，而是先在心里说这个面很好吃，那它就真的越来越好吃了。心情会改变一切的感受，会改变自己的情绪，这是大家可以掌握的、很方便而且很有效的办法。

●●● 第二节　如何觉察自己真正的情绪

不要过分注重向外看

人类最大的敌人就是自己，因为人类不了解自己。了解别人比较容易，因为旁观者清；一个人要了解自己相当困难，因为当局者迷。人在替别人做判断的时候，经常比较有把握；可是面临着自己要选择的时候，又常常犹疑不定。

人类为什么那么不容易了解自己？因为大家都认为外面的才是真实的，人的眼睛是往外长的，所以只看得到外面的东西，不太了解自己身体和心理的变化。

案 例

有些人早上起床的时候就会做出对自己非常不利的事情。比如一看要迟到了，他们会突然一下就爬起来，这样对心脏健康非常不利。所以人会有心脏病，某种程度上是自己的选择。大家应该想一想昨天晚上是怎么睡着的，是眼睛先闭起来，五脏六腑还在动，然后它们慢慢安定下来人才睡着的。当人醒过来的时候，就要倒过来，先把五脏六腑都唤醒了，眼睛才可以张开。但是现在很多人不是这样做的，结果弄得自己的内脏器官没有办法适应，肯定会生病。

很多人都不了解自己的五脏六腑是怎么过日子的。比如肠什么时候蠕动得最快？是人要去上厕所的时候。如果当它有这个需求时，人不理会它，它就出毛病了。睡觉前胃里最好不要有太多东西，可是很多人喜欢吃夜宵，结果人是睡着了，胃还不能休息，所以胃就会痛。

一个人的情绪不安宁，其实和五脏六腑的情况有密切的关系。当一个人肚子很饿的时候，别人同他讲话，他会显得很没有耐心，比较容易发脾气。所以一个人很忙的时候，一定要准备一点小点心，实在饿得无法处理事情，但是事情又摆在那里非处理不可时，就顺手吃一点小点心，使自己身体里面的状况不会给自己太多的刺激。

大家如果想去了解人真正的情绪到底是什么样的,最好的办法就是"暂停"。只有暂停,人才能够把注意力拉回来。当一个人总是随着环境而变化的时候,环境就可以决定一切,这时人没有自主性,完全随着环境的改变而团团转,那人是没有什么价值的。

要练习体会内在的感觉

把注意力从外界拉回来

大家要把自己的注意力从外界拉回来,然后看看自己的真实状况,这个叫作感觉、体会或者关照。相信每个人都有这样的体验:同样一句话,当人心情很好的时候,会觉得它是好话;当人心情不好的时候,它就变成坏话。

比如一个人去问他的上司,这件事情要怎么处理,上司说"你自己看着办",这时这个人一般会有如下两种反应:一种是感觉受到信任,很喜悦,然后真的可以放心去办;一种是感觉受到严重的威胁,然后会开始抱怨:"好意请示他,他就这样对自己不礼貌,要我看着办,到时候还不是我倒霉。"人会用不同的态度来因应这个问题。所以,同样一句话,人会有很多判断,会有很多选择。

很多人喜欢吹毛求疵,喜欢断章取义,喜欢主观地、武断地去判断一件事情,因为现在的教育过分强调智能的发展。当一个人接受的外来信息很多的时候,他内在的活动就会降低。人们以前很闭塞,没有什么外界资讯,外来的刺激也很少,所以人们内在的创造就会有很多。但是现在很多人的答案都是来自电视,来自外界环境，他们自己不会去想象。现在的小孩很可怜，他什么东西都不用想，因为前辈们已经把所有的答案都想好了，他只要等着接收答案就行了，因而逐渐失去了自主性和创造力。

人们很容易受到外在环境的影响，理性完全被自己的情绪所淹没，所以人们越来越冲动。现代人动不动就要骂，动不动就要打，动不动就要抗议，就是他稳定不了自己。有很多事情先了解再从长计议，然后做出合理的反应，这不是很好吗？但是很多人做不到。所以大家要开始练习去体会内在的感觉。当肩膀很紧张的时候，当喉咙突然间收缩的时候，当感觉到脑子很混乱的时候，当感觉到心情很恶劣或者对事情很失望的时候，大家应该去查清楚自己的这种感觉到底是从哪里来的，这样，人就会慢慢了解自己。

> 人们很容易受到外在环境的影响，理性完全被自己的情绪所淹没，所以人们越来越冲动。

人要先去控制自己可以控制的部分，比如当感觉到脖子很硬、肩膀很紧张的时候，就适当活动、放松一下。不要总是把自己的焦点放在不可控制的部分，做任何事情都会有一定的风险性，风险性是不可控制的，大家要先把可以控制的部分控制好，再去处理不可控制的部分。

通过五官去觉察、寻找出主观的感受

人们要通过自己的五官去找出自己主观的感受。人的每一种情绪，都会连带着某一种生理反应。比如无缘无故地耳朵很痒，

无缘无故地口很渴,无缘无故地想做什么,它都是在警告人们:你的生理现象已经与现状不适应了,你的情绪就要有反应了。比如我们最常见的一种情况:当一个人无缘无故地把手握得很紧的时候,就表示他要发脾气,不是拍桌子就是要打人了。

人的生理反应是在给人提出一种警告,它是好意的,是善意的。通过它的提醒,人们开始重视它,开始改变它,然后心情就会跟着改变。当一个人口很渴的时候,他应该先不要急着做什么事情,而是先去喝点水,这样他的情绪就会稳定下来。

注意情绪的"中间层"

真正的情绪除了外在的和内在的,还有一个中间层面的东西,是人们平常没有去注意的。人们所看、所闻、所接触的是外在的,生理变化是内在的,还有一种是人们对信息的解读,那就是中间层面的。比如一个学生考完试以后,他会自己想"考不好怎么办",这不是内在和外在的东西,而是中间层面的;一个人去体检,他会怀疑自己的身体健康,觉得癌症很可怕,"如果自己得癌症怎么办",这也不是内在和外在的,而是中间层面的。

案 例

有个人去做透视,医生用仪器检查他的肠胃,问他早上吃过什么,那人说自己早上吃了一个鸡蛋、一根油条,喝了一杯豆浆,医生问完就不说话了。检查完以后那个人就问医生为什么问这句话,医生说"没有了"。这件事情中,"外在"的是医生给病人检查完,结束了;"内在"的是病人感觉到心里很不安定;"中间层"也就出现了:医生为什么这样问?是不是看到什么不对劲的?这是病人中间的选择。后来,他打电话问医院的院长,得到了答案,答案是:要刺激肠胃蠕动,所以问他早上吃什么。因为他一回答,肠胃就会有反应,会蠕动,医生就看得很清楚了。

人很喜欢动脑筋想东想西,无缘无故地会怀疑,无缘无故地会产生恐惧感,无缘无故地会产生很多很卑鄙、很可怕、很可耻的念头,在心里进行"天人交战",那就是"中间层"。比如你看到路上有一张百元钞票,你会怎么样?有的人会捡起来交给警察或者捡起来问问是谁的,然后还给别人。

而有的人会假装没有看到,然后看看别人有没有看到,如果大家都看到,那他就不会再关心这张钞票了,反正自己拿不到;如果大家都没有看到,他会慢慢走过去,然后用脚把钱踩在脚底下,让别人拿不到,他也不去打草惊蛇,然后心里想他要怎么办:如果他现在很急着用这一百元钱,那这不是偷也不是抢,只是先借用一下,将来再还……

人们可以有选择,但是最关键的还是最后的决定,所以平常为什么要有明确的价值观、人生观和世界观,就是在最关键的时刻,人怎么选择自己的决定。

人们常常躲在思考和想象的象牙塔里,用虚拟的东西来代替实际的存在，来扭曲事情的真相。尤其现在是电脑世界，真实和虚拟几乎越来越分不清楚。计算机技术越发达的时候，你去体会《周易》的道理，会觉得它越真实。如果把电脑和《周易》结合起来，大家会觉得电脑与中华民族传统的东西非常相似。

明白情绪才能处理

一个人只有明白自己的情绪，才有办法去合理地处理它，所以，一个人遇事时最好的处理办法就是保持冷静、不要冲动。当刺激过来时，先冷静一下，去想想外在的是什么，内在的是什么，中间层是什么，将其综合起来进行判断，再做出自己的反应。这时的反应应该是很正确的，人不会后悔。

管理情绪时有种说法叫作"推、拖、拉"，其实，"推、拖、拉"的目的就是让人们很冷静地思考，然后再做出反应。一般人不知道为什么"推、拖、拉"，就盲目地"推、拖、拉"，那是非常可恶的。"推、拖、拉"就是争取很短暂的时间，把外在的状况和内在的情形，再加上中间层的态度与思考，做一个综合的判断，然后做出合理的选择。

一个人不推、不拖、不拉，立即反应，别人给他东西，他马上决定要还是不要，就是目中无人；别人给他东西，他推一下、拖一下，慢慢再想

> "推、拖、拉"就是争取很短暂的时间，把外在的状况和内在的情形，再加上中间层的态度与思考，做一个综合的判断，然后做出合理的选择。

要不要，就是合理的。如果送西方人东西，他要就收，不要就拒绝；而中国人不会，给中国人送东西，他会说不用、客气什么、用不着这样，好了，摆在那里好了。摆在那里他也没有决定要还是不要，搞清楚后他才会决定。所以有人认为中国人很虚伪，其实不是虚伪，他只是在这个"推、拖、拉"的过程当中，去找一个合理的情绪反应。

一个脾气不好的人经常会冲动，经常立即反应和主观判断，这对他是不利的。当一个员工做错事情的时候，领导马上责骂他是无效的。领导应该冷静一下，同时让员工也冷静一下，这样员工自己会来找领导，跟领导解释。这样处理，员工会比较容易接受。所以，凡事要合理地去解决，冷静是最好的方法。

● ● ● 第三节　情绪管理的理论

ABC 理论简单明了

情绪管理有一个很著名而且很重要的理论，叫作情绪理论，是美国心理学家阿尔伯特·艾利斯（Albert Ellis）提出的。

A（activating events）是指不断发生变化的环境所引发的事件。人们常常觉得环境不停地在变，而且随时随地都有事情在发生。人们不会对每一件事情都有反应,而是会对某些事件有反应,对某些事件没有反应,这是因为 B 的关系。

B(belief)是指人们对这个事情的信念、感觉或者观点。比如说让三个人坐在窗前,让他们描述所看到的外面的东西,结果是不一样的:有人会告诉你,他看到远远的地方有电线杆,电线上面有三只鸟;有人会告诉你,一大早车子就那么多,交通实在很拥挤;还有一个人只看到外边有一位年轻的姑娘,长得很漂亮。每一个人对于外界环境所注意的焦点是不一样的,这是每个人的性格、兴趣还有现在的身份、职业等因素综合起来的一种表现。

一个事件发生了,人们用不同的观点,就会产生不同的反应,这个反应就是 C,C(consequence)就是我们常讲的情绪。

B 是情绪反应的关键

同样的事,人们会产生不同的反应

一个人情绪的变化是相当主观的,当他看到一杯茶的时候,他可以想自己喝不喝这杯茶;还会想这是什么茶,带回去研究研究;或者说为什么别人桌上摆着茶,自己桌上没有呢……就因为想法不一样,所以情绪也不相同。

不同的人对相同的事件可能不会采取相同的立场、产生相同的观点、产生一样的情绪,除非当环境非常恶劣而大家有共同需求的时候,人们会产生非常抑制性的情绪,即"同仇敌忾",这时大家没有什么个人的想法,也没有什么不同的情绪反应,他们都在为一个同样的目标而奋斗。

看法变化，情绪就改变

大家以前一直认为"刺激—反应"只有 A 和 C，没有 B。当一个人碰到别人的时候，别人一定会有什么反应。很多人都有这种想法，所以大家就觉得，情绪是无法控制的，它是自自然然就会发生的。现在大家应该知道，事件发生了，与情绪当中的一个媒介有关，这个媒介就是人的看法。人无法控制事件，但是可以调整自己的看法，这就在情绪和环境的变化当中加了一道控制阀。一个人只要把自己的信念调整好，就可以保持稳定的情绪，所以，B 才是关键的。

> 人无法控制事件，但是可以调整自己的看法，这就在情绪和环境的变化当中加了一道控制阀。

现在很多人喜欢显示自己很聪明、反应很快，所以有什么刺激他马上就会有所反应，结果经常吃大亏，这叫作鲁莽、莽撞。当有任何刺激发生的时候，大家最好先把嘴巴闭起来，因为嘴巴是很容易闯祸的东西。

一旦有事情发生，如果有些人的嘴巴马上就反应，那他的人际关系一定不好，很多人都会非常不喜欢他；而聪明的人看到一件事情发生了，嘴巴会先闭起来，这个刺激就会在他脑海里面盘旋一下，然后他会找出比较合理的信念，用嘴巴表达出来，即人们平常所说的"谨言慎行"。言行都是人们情绪的表现，如果不经过大脑，没有经过 B 的控制，没有注意自己信念的调整，那么就相当于把自己交给外界,让外界环境来操纵自己,使自己成为环境的受害者。

如果有一天人们住的地方突然爆炸了,如果没有经过 B 的话,人很容易惊慌失措,然后盲目逃生,结果最后人不是被炸死的,而是被踩死的,造成很无辜的伤亡。如果大家养成习惯,突然间听到巨大的爆炸声时,告诉自己这时候要冷静,先搞清楚为什么爆炸,如果是火灾造成的,那就判断是在高处还是在低处,高处有高处的应对方法,低处有低处的逃生办法,这个时候再根据正确的方法摸索出去,对自己或者对大家都是很有帮助的。一个人要训练自己的信念,要调整自己的观点,才能够做到有备无患。

人是观念的动物

人是观念的动物,观念一改变,态度就改变,信念也会不同,然后情绪就会不一样。比如说一个人今天出去,碰到下雨他就很不高兴:怎么这个时候下雨?但是如果他心里想:为什么这个时候不能下雨呢,有很多人盼望着下雨呢,不能因为我一个人反对下雨就不下了。这么一来,他的情绪就会冷静下来。

事件不容易控制

很多事情人们都不容易控制,有些甚至无法控制。世界很大,而且事物之间息息相关。交通发达,信息交流快速,"牵一发而动全身"。

西方人认为，一个人长大以后，他的所言所行就是因为他小时候的环境所造成的，但是如果环境可以决定人们的一切，那人就没有自主性了，只能听任环境的摆布。所以很多人会想："努力有什么用？有理想又怎么样？"这种想法是不对的。因为人虽然不可以控制环境、改变环境，但是人可以随时调整自己的心态。

观念可以自由调整

情绪看起来是随着外面的事物而改变的，但实际上不是这样的。观念是人们自己可以调整的，而情绪就是人们的观念对外界的事物所产生的一种反应，人们的观点是操控在自己手中的。当你看到以前惹自己生气的一个人的时候，你要告诉自己：说不定他已经改变了，他以前对我不好，但是现在说不定对我很好。就这一念之差，你的情绪就会改变，而这"一念之差"，你是完全可以控制的。

> 一个人如果要管理好自己的情绪，最有效的办法，就是时时刻刻调整自己的观念，而不要寄望于别人或者抱怨老天，也不要不切实际地希望外界的环境会改变。

情绪可以管理，就是因为人们可以很方便地去调整、去改变、去控制自己的观念。所以，一个人如果要管理好自己的情绪，最有效的办法，就是时时刻刻调整自己的观念，而不要寄希望于别人或者抱怨老天，也不要不切实际地希望外界的环境会改变。

观念有理性与非理性

合乎逻辑的还是不合乎逻辑的,大家要搞清楚。自己的东西自己可以处理,别人的东西只能别人处理。但是小孩子没有"所有权"这个概念,也没有"偷"这种观念,所以他会在超市里随便拿东西。如果他的父母说他偷东西,说这是别人的,小孩子就会有很多情感上的负债。做父母的应该告诉孩子:这个东西是别人要的,你也可以要,但是应该先付钱,不能够随便拿。父母应该慢慢教他所有权的概念,这样他懂了以后,也不会有情绪负债。

一个人有修养,就是他会把不合逻辑的转成合逻辑的,把那些非理性的转成理性的。

观念可以使情绪改变

观念可以让人的情绪改变。如果大家相信这个观点,很快就会走上这条情绪管理的有效途径。事件会导致结果,这个叫作环境决定论,这种说法只有部分正确。比如一个人生气了,他说"他这种行为我当然生气",别人的行为引起他的生气,这太单纯了。同样的行为,他可能生气也可能不生气,这才是事实。

如果一个人是公司里的中层领导,他的下属骂他,他就会生气,可是他的领导骂他的时候,他就不会生气。为什么领导骂他他就受得了,下属骂他他就受不了呢?这跟他个人的观念有关。

有时候你去买东西，会和别人吵架，就是因为你看不起别人，你觉得他是卖东西的，要赚你的钱，没什么了不起，这是你自己的问题。其实，看到大官你要"小看"他，看到小人物你要"大看"他，这样你的情绪就会很平稳。如果你看到大官就怕，有话也不敢讲，他就会欺负你；看到小人物，你看不起他，他被你激怒了就会给你难堪，你就吃亏了。这个"度"要拿捏得恰到好处。

> 没有人会因为别人而改变，只有自己会为配合自己而改变。所以大家慢慢会找到一条路，在某种情况之下，把非理性变为理性。

人很容易控制自己，但是很难控制外面的东西。没有人会因为别人而改变，只有自己会为配合自己而改变。所以大家慢慢会找到一条路，在某种情况之下，把非理性变为理性。大家必须要调整自己的观念，而不是完全看环境让自己直来直往，那样情绪一定不好。如果任何事情发生的时候人能先动动脑筋，看看要怎么反应，情绪就会平稳得多。

合理运用 ABCDE 模式

A 指一个事情发生了；B 指一个人对这件事情的主观看法，因为每个人立场不同，所以观点也不同；C 指人的主观看法，对这件事情的反应，即情绪表现；D 指反省，对自己的行为做一个反省：这样做看看别人的反应怎么样；E 指如果反省后发现行为不好，就赶快调整，调整以后再重新出发。

中国人通常不接受道歉

美国人做错了事情会向别人道歉,别人也接受,然后两个人就不会再计较那件事情。但有些中国人是不接受道歉的,他们要求你做到,而不是天天道歉。如果一个人好好管自己,不去妨碍别人,他就根本用不着道歉。

你向一个美国人道歉,他接受了,就没事了。你向一个中国人道歉,你跟他说:"我真的很对不起。"他会问:"什么事?"你说:"我那一天实在是无意撞到你的,事后又没有来看你,所以我觉得很抱歉。"他会说:"我还以为有什么大事情,原来是这件事情,我老早就忘记了,你记在心里干吗?"他虽然嘴上这样说,但是他照样想办法整你。

对于中国人来说,道歉是没有用的。西方的夫妻一吵架,他会道歉;中国的夫妻吵架,道歉没有用,因为对方会觉得:你打了我两下,道歉就算了,下次打四下也道歉就算了,那你还得了?所以,中国的夫妻吵架,不是用道歉就可以解决问题的,而是要用实际的行动。

A 和 E,是需要明显表露出来的,是看不见的部分,只用在心里琢磨就可以了。

中国人是含蓄、缓慢的

中国人一定要含蓄一点、缓慢一点。西方人很欣赏那种口才好的人,但是在中国社会,会讲话的人并不能得到很多人的欣赏。有一项调查结果表明,如果那种很会说话的人做业务员,业绩一般都做得不好，因为人们不会太相信他，会觉得他讲得天花乱坠，不切实际，可能是在骗自己。反而是那种有口疾、讲话根本讲不清楚的人业绩很好，因为大家觉得他很实在，会觉得这人连话都讲不清楚，是不会骗自己的。

当然，口才好不是坏事，但是要懂得不讲话。比如那种开会最喜欢讲话的人，最不得人缘。老总刚刚致辞完毕，他就举手讲一大堆，所有的人都不满意，认为"你算老几啊，我还没说你就说了"。所以，大家要做一个情绪稳定、不惹事的人，有话要等待时机再说。

比如说我有意见，首先，我会坐在那里做一个动作：到处看。看到有人看我，我就请他讲；他开始讲了，我再看，看到有人看我，我就请他讲。当我请了很多人的时候，我站起来，所有人都注意我，为什么？因为那么多人请我讲，我怎么能不讲呢，这叫作众望所归。你尊重他，你讲话的时候，他就慢慢听；你不尊重他，你站起来他根本充耳不闻。所以，一个人讲话别人会听和一个人讲话别人不听，是取决于那个看不见的部分，而不是那个看得见、听得见的部分。

其次，在座只要有人比我年长、有人比我职位高，他们要讲话以前，我是不会说话的，因为我一说话他们就不高兴了。你和你的领导一起出去，领导还没有讲话你就讲，你是没有前途的。领导心里会想：我都还没有讲呢，就轮到你讲了。除非他叫你讲，否则你没有资格讲，这就叫作伦理。

再次，最聪明的人是把最好的意见偷偷地告诉领导，让领导去表现，那这个人会前途无量。你拼命动脑筋，把最好的意见偷偷地给领导，让他去表现，他如果有机会升职，第一个就会提拔你，这就够了。对于中国人而言，暗的部分、看不见的部分，绝对比明显的部分要重要。

当一个人看到一杯茶的时候，他的想法是口很渴，想拿来喝，但是他马上会想到，如果先伸手去，很多人就会不高兴。很多中国人会这样做：拿起茶杯来，然后说"请"，请每一个人，每个人都高兴了，他就会说"抱歉，对不起，那我就先喝了"。大家就会觉得他这个人很有礼貌，很会做人。

同样，当一个人烟瘾发作的时候，他也不会立刻拿出烟来自己抽，而是会请周围的人抽，请一圈，然后自己才开始抽。可是如果身上只有一支烟，怎么办？大部分人都不会处理，因为烟这个东西，是请来请去的，一个人只要先把烟拿出来，他就要请大家的，这样下次别人也会请他。而美国人是自己抽什么烟，他就拿出来自己抽，根本不在乎别人，不需要照顾别人，别人也不会怪他。

但是在中国，如果一个人只剩下一支烟，他大概会有以下几种反应：第一，拿起来就请别人抽，但是别人拿去他就没烟抽了。第二，躲在一边偷偷地抽，这样也不对。偷偷地抽，所有人都会看到。大家就会想：一支烟也没有多少钱，这个人小气到这种地步，还躲在那里抽。第三，拿烟出来的时候一定会大声说：奇怪，刚刚买的，怎么剩下一支呢？但是照请大家，那别人听到他那么大声说，一定说不抽不抽了，大家都知道他剩下一支了，然后这个人就可以自己抽了。

还有第四，是最高明的人的方法。假定只有两个人，一个人说：糟糕，怎么烟只剩下一支了，你来你来。另一个人说：不用不用。这个人说：要共患难，一人一半。然后还做个动作，把烟要扯断的样子。另一个人肯定会不好意思的，这样，拿烟的那个人就可以自己抽了。

● ● ● ● 第四节　摆脱二分法思维的束缚

摆脱是非分明的思维方式

人们在很多地方都大力宣传，要赶快摆脱二分法思维的束缚，但这并不是简单的事情。因为人们从小所受的教育，就是要做到是非分明：什么事情都要分出对和错，分出好和坏。小学老师有标准的答案，其实这是不太正确的态度，但是他们教学的对象是小学生，所以他们不得不用二分法，因为小孩子懂的东西很少，很难在"是中有非、非中有是"的情况下去了解事情。所以，小学老师只能教给他们很单纯的"对与错、好与坏、是与非"，这是不得已的事情。

随着年龄的增长，大家慢慢成熟，就会逐渐摆脱二分法的思维。

因为世界上的事情，"绝对"的几乎很少。比如哪个人是绝对的好人、哪个人是绝对的坏人，很难区分。好人偶尔也会做一两件大家感觉不太对的事情；坏人有时候也会大发慈悲，做一些好事情。人们活在一个相对的宇宙空间，《周易》中讲过，一切都是阴中有阳、阳中有阴，纯阴纯阳实在是很少。

二分法会产生非理性观念

非理性和理性的区别就在二分法，太过坚持二分法就会变成非理性。人们认为一个人理智，就是表现在"是非分明"。但是一般人的是非是相当感情用事的。比如有一杯茶，你说这茶好喝，你是感情用事，一点不客观；你说这茶不好喝，你还是很主观，感情用事，是非理性的。

人们的认知能力有限，判断能力不足，经常选择错误，所以会经常后悔。当一个人把是非分得很清楚的时候，他就会整天闹情绪。现在的教育教小孩要是非分明，只会让他们一辈子痛苦不堪，因为他越长大越知道根本很难区分是非。小孩子很容易分是非，因为他懂得少，随着年龄的长大，他的价值观会改变，认知能力会不同。所以大家要随时去调整自己的观念，然后让自己的心情越来越愉快，使自己的情绪越来越合理。一个人如果还一直保留着以前的观念，还保留着以前的处世方式，那他就会长不大，就会很苦恼。

《周易》是三分法。有人觉得中国人总是摇摆不定、脚踏两只

> 凡是不假思索直接判断的都非常可怕，但是人们都很喜欢不假思索直接判断，认为这样做是"果断"，会显得很有能力，会显得一个人敢于承担责任。其实，这种情况也可以称为"武断"，有时是主观片面的。

船，很坏，但实际上中国人的态度才是正确的。茶好不好喝，中国人不会马上回答，而是会说："我喝喝看。"然后说："好像还不错，你觉得呢？"很多中国人都是这种态度。凡是不假思索直接判断的都非常可怕，但是人们都很喜欢不假思索直接判断，认为这样做是"果断"，会显得很有能力，会显得一个人敢于承担责任。其实，这种情况也可以称为"武断"，有时是主观片面的。

一定要成功

"一定要成功，要不然就完了"，这也是二分法的一个观念，人们总是把成功和不成功分开来。其实一个人在这方面没有成功，也许在那方面就成功了；这次不成功，下次可能就成功了。一个人成功，会花很多的精力，损失很大。有一得必有一失，有一失就有一得。

案 例

有两个牙医，开的医院就在彼此隔壁。一个牙医姓刘，找他看牙齿的人很多，从早上到晚上，他要一直站在那里，不能坐下来，他感觉很痛苦；另一位牙医姓张，根本就没有人找他看牙，他在里面坐不住，经常跑到门口，看看有没有人,他也很累、很辛苦。其实生意太好所得到的是钱,但是会很忙、很累;生意不好,所得到的是闲,但是会没有钱用。

大家一定要公平地对待你

"大家一定要公平地对待我,不然的话就应该下地狱。"为什么大家都要公平地对待你呢?你看到的只是眼前的事情,如果你把时间拉长一点,会发现自己半个月前到他家去闹事了,结果你忘记了而他却记住了,这次他好不容易看到你,会公平地对待你吗?往往得罪人的人把事情全忘记了,但是被得罪的人会记得牢牢的。所以,不要把时光"切断",要把时间拉长一点,看看自己和别人的实际情况,再来判断公平不公平。

大家一定要让你快乐

你喜欢快乐,大家就要让你快乐。你有这么厉害吗?有钱大家都应该尊重你,为什么?尤其是今天的社会,人海茫茫,你再著名,别人不认识你就是不认识你。

案 例

有一次我和妻子坐飞机,是商务舱,里面没几个人。有两个小女孩坐在我旁边,我不认识她们,空中小姐请她们签名。我觉得让两个小女孩签名有什么用呢?后来我下飞机的时候,发现大厅里悬挂有横幅"欢迎×××",我才知道她们是著名歌星,但是我根本就不认识她们。

人海茫茫，所以你不能说别人一定要认识你，一定要喜欢你，让你快乐。有个词叫作"自寻烦恼"，同样，人也可以"自寻快乐"。

运用三分法思维会更加快乐

把二看成三

三分法会使人们很快乐。中国人最了不起的地方，就是把两个东西看成三个，这是在全世界其他地方都找不到的智慧。

如果去问外国人，明天要不要去开会，他要么说要，而且说要他就真的去了；要么说不要，而且说不要他就真的不去。他们是非分明、言行一致。如果问一个中国人，明天的会议要不要去参加，他会告诉你"到时候再看看"，他不会给你说得很死，而是凭空多了一个"到时候再看看"。因为一个人只要说"到时候再看看"，他自己就很有弹性，可以去也可以不去，而且讲出来不会得罪人。因为他说"不去"的时候，可能会得罪那些要去的人；他说"要去"的话，可能会得罪那些不想去的人。

外国人的顾虑没有这么多，因为他们人际关系比较简单，一个人去不去对别人都没什么影响。但中国人不是，你不去他会想很多，你为什么不去？他会想办法让你去；你说你要去，他就使得你不能去，因为你去就变成他的阻碍。所以中国人会说"到时候再看看"，然后看看大家的脸色怎么样，可以判断哪些人是要去的，哪些人是不去的。

以二合一来代替二选一

中国人从哪里得来的这个"三"？西方人两个选一个，所以他的观念叫作二选一；中国人多了一个选择，是两个合起来的，所以叫作二合一。如果你要快乐和幸福，就要把是与非合起来想，不要分开来看；把好与坏合起来想，不要分开来看；把善与恶合起来想，不要分开来看。"这样不好了，不过没有关系了，再看看了。"中国人就是把好与坏合在一起。"我要去但是很可能不会去，不过我还是想去，可能到时候我才能决定"，这句话讲了和没有讲一样，但这就是"合"起来，把要去跟不要去合在一起想。

给外国人礼物，他要的话就会收下来或者当众打开，他不要的话就会把礼物通通还给别人；中国人则是先说不要，然后开始想该不该要，不要白不要，那就会把东西留下来了。

假如问一个中国人对某件事有没有意见，他会先说没有意见，然后看看大家的意见都不如自己，才说自己突然间想到一个意见，他这方面的弹性是很大的。如果他先说自己有意见，那他一定要讲出来；如果不说，他就可以讲也可以不讲。站在没有意见的立场来发表自己的意见，别人比较容易相信。

想到"一定"，立即想到"不一定"

很多人喝酒的时候，都要说自己不会喝，然后等大家喝得差不多时，他就开始喝，而且绝对不会醉。一开始就喝，喝到最后他会先醉了。有些人刚开始都是按兵不动的，有些人会把自己处中国人是二合一而不是二选一，中国人不走极端而是综合判断，想到"一定"马上就会想到"不一定"，想到"不一定"就会马上想到"一定"，这是高难度的，不容易学，但是非常值得大家学习。

置得很妥当、很安全，面面顾到，自己不会吃亏，也不会去害别人。中国人是二合一而不是二选一，中国人不走极端而是综合判断，想到"一定"马上就会想到"不一定"，想到"不一定"就会马上想到"一定"，这是高难度的，不容易学，但是非常值得大家学习。

只能合理不公平

如果用三分法来看，大家会发现公平就代表不公平，不公平才是真的公平，所谓的公平都是假的公平。如果每个人都发两千块钱，那不叫公平，因为有人做得多有人做得少，有人贡献大有人贡献小。可见"有多有少才叫公平"。公平不是大家都一样，公平是大家合理地不一样。比如别人有自己的标准，有自己的亲戚朋友，有自己的顾虑，他的公平和你的公平标准是不可能一致的，你不能用你的感觉来批判他。

领导在主持会议，有一个人迟到15分钟，领导骂他，说这么重要的会议怎么能迟到15分钟；但是再过20分钟，有一个人迟到35分钟，这个领导只看看他，不理他也不骂他。你觉得这个领导偏心吗？他有他的理由：后面这个人每次开会都迟到半个小时以上，这次也不例外，所以自己不骂他。每个人都有标准，只是标准不同而已。

你喜欢快乐，他也喜欢快乐，但是如果你的快乐使得他不快乐，即把自己的快乐建立在别人的痛苦上，他也不会让你快乐的。有人经常挖苦别人，其实你有什么权力挖苦别人呢？人只有权力挖苦自己，可是很多人喜欢当面给别人难堪，比如说："你看看你这个样子，拿得出去吗？"其实人们去各地旅游看到各种各样的佛，有长得好看的，也有长得丑的，长得奇奇怪怪的，这种现象就是告诉大家，各式各样的人都可以成佛，不是只有一种人可以成佛，那才公平。

中国人是把公平与不公平合在一起想的，因为他知道人世间资源是不足的，机会是有限的，根本不可能公平，公平是骗人的。大家能力都很强、贡献都很大，但是其实只有一个人能获得奖励，怎么能够公平呢？人们所得到的大部分都是不合理的公平，那叫作形式上的平等、假的平等，人们要的是真的平等。比如两个人比身高，如果一个人站在地上，一个人站在椅子上，那么这样比身高就是不平等的。只有两个人的立足点一样，最后才能真正比出谁高谁矮。

人们都活在相对的世界，只能够拥有相对的自由，只能够获得相对的平等。人世间也只有相对的光明，即与黑暗相对的光明。

快乐要自己求得，不是别人给的。一个人只要摆脱二分法的思维，就会很快乐。好与坏是一样的，得与失是一样的，哪一天一个人真的能够做到生与死是一样的，那他还有什么不快

> 快乐是要自己求的，不是别人给的。一个人只要摆脱二分法的思维，就会很快乐。

乐呢？如果他认为活着就是活着，死了就是死了，那他对死就会有恐惧，他就会怕死，看到死就会伤心。

把二分法转换成三分法，让自己的心灵得到彻底释放，不再苦恼于日常生活中的"是非分明"，我们就可以使自己轻松、愉快地工作、生活。

●●● 第五节　管理情绪只有一条规则

改变观念，稳定情绪

管理情绪听起来好像很复杂，好像无从捉摸，其实不然，管理情绪只有一条规则而已：当人观念正确的时候，人的情绪就很稳定。人们被很多不正确的观念所影响，结果导致自己的情绪不稳定。情绪是谁在主管？有的人会说是别人让他生气，环境使他痛苦，事情使他伤脑筋，唯独不说是他自己造成的。情绪如果随着外界环境的变化而变动，就表示这个人没有尽到自己是自己的主人这个责任。

> 管理情绪听起来好像很复杂，好像无从捉摸，其实不然，管理情绪只有一条规则而已：当人观念正确的时候，人的情绪就很稳定。

只要把观念搞清楚，有很多事情就化解掉了。比如说一个人到公司去上班，发现他的上级对同事很好，但是对他不好，这时候他会表现得很不服气，表现得很委屈，甚至开始闹事。结果，领导越来越不理他，因为他这样的行为就证明了上级的观点是对的。他如果调整一下观念，觉得领导是在暗示自己有些事情做错了，或者没有做得更好，那他就会自己调整一下。这时，领导对他的看法就会改变了，就不会给他脸色看了。

中国人不太喜欢当面骂人，但是会给别人脸色看。给脸色看和摆架子是完全不一样的：摆架子叫"臭架子"，给别人脸色看是尊重别人的意思。一般人的错误观念是：脸色这么难看，真不礼貌，我比你更难看。其实正确的观念是：他摆脸色给我看了，他是尊重我，他希望我自己改变，那我改变就好了。

人们时时刻刻都要调整自己的观念，这就是儒家所讲的反求诸己。

不要把生气当成坏事

很多人认为领导应该对自己客客气气的。其实领导对一个员工客气，这个员工是没有福气的；领导对这个员工不客气，说明他把这个员工当自己人，他有什么事情，不会找别人，而会专门去找这个员工做。所以，员工应该感谢他，而不是抱怨他对自己不客气。

人和动物都有情绪反应。比如一条狗，你踢踢它，它就对你叫；你摸摸它，它就摇摇头、摆摆尾。情绪是天生的，是好现象，如果一个人伪装到完全没有情绪，就会有某种程度的危险性，因为大家不了解他了，他会显得"高深莫测"。其实，关键在于人的情绪表现得成熟不成熟，而不是有没有情绪反应。

只要合理，情绪对人们的人际关系和生活都有正面的帮助。大家都是人，都有情绪反应，不能认为只有自己可以发脾气，别人不可以发脾气。但是有些人往往这样，比如有些领导就认为：我是长官是上级，我可以发脾气。好像他不发脾气就显不出自己的威风一样。但是也有的领导会希望他的员工发脾气，因为员工发脾气，他才知道员工真正的个性是什么；如果员工永远不发脾气，他就不知道员工到底是什么样的人。因为人都有一个忍耐的界限，如果有人没有这个界限，那他很可怕。

比如员工和领导相处，他会想办法去测试领导忍耐的限度，以此来保障自己。所以有时员工会激怒领导、刺激领导，看看领导会如何发脾气。会发脾气的领导比较好相处，完全不发脾气的领导会让人感到很害怕，因为员工不知道哪一天自己会被领导整成什么样子。所以等他测试得比较清楚以后，他心里就比较安宁，会觉得比较安全；当他摸不着边际的时候，心里是很恐惧的。

激烈的反应对身心有害

西方人高兴起来，手舞足蹈，得意忘形，哭起来也伤心得不得了；中国人一般不会这样，中国人的情绪比较含蓄、比较平稳，没有那种非常高兴和非常不高兴的时候。

激烈的反应对身心是有害的。从科学的角度来看，当一个人的中枢神经系统过分活跃时，对人是有伤害的。为什么有些著名的电影明星最后要跳楼自杀、服毒自杀？因为他们活在掌声当中。掌声太激烈，人就会格外兴奋，整天睡不着觉，有人就开始吃安眠药，吃多了就中毒；如果不吃就睡不着，情绪不稳，于是就有很多人选择自杀。

人的情绪很激动时，会伤害自己，有时甚至会伤害到难以控制的程度。

当人笑得很开心时，对身心都会有创伤。人经常会说"笑死了"，而没有说"哭死了"，有的人一口气上不来就真的笑死了。在电视剧《三国演义》中，蜀国灭亡后，后主刘禅"移居"魏国都城洛阳，司马昭设宴款待，他问后主刘禅："你思念蜀国吗？"结果刘禅说："我在这里很快乐，不思念蜀国。"刘禅的随从郤正告诉刘禅应该流着泪说自己思念故乡，这样司马昭就会放他回国了。过了一会儿，司马昭果然又问起了这个问题，刘禅依样回答，司马昭就问："为什么你说的话跟郤正说的一样呢？"刘禅回答："这就是郤正教我说的。"结果，司马昭大笑起来，情绪激动，中风死掉了。所以，大家应尽量避免激动，保持情绪稳定。

一个人持续紧张，很快也会生病。而持续的紧张，就是因为情绪的不稳定造成的。人为什么会出现溃疡？为什么会气喘？为什么会偏头痛？为什么会血压高？为什么皮肤会有疹子？很多都是因为情绪紧张造成的。结婚以后，如果夫妻相处，有一方始终紧张兮兮的，另外一方就要负责任，看是不是因为自己情绪不稳而让另一方终日不得安宁。另外，如果有些人别人一看他他就会紧张，那他自己要调整。凡是引起别人有压力、使别人紧张的人，都要自己检讨，看是不是自己的情绪太不稳定了。

人们焦虑、忧虑，最后精神分裂，原因就是神经持续紧张。一个人到了四五十岁以后，整个肩膀是僵硬的，放不下来，从后面看他走路就觉得他是歪向一边的。因为人有一条脊椎，脊椎如果不正的话，会生百病，所以大家经常要检查一下自己的脊椎正不正，脊椎正的人很少会有什么毛病。

过分压抑会变成潜意识

过分的压抑就会变成潜意识，就会在不知不觉当中很气愤。所以当一个人觉得气得要死而不知道是什么原因时，生气就已经变成潜意识了。当一个小孩开始玩自己的大便时，家长不要大惊小怪，因为食物与大便对他来讲是一样的。可是家长用大人的看法、大人的标准来衡量他，觉得他是不对的。然后他潜意识中觉得玩大便好像是很羞耻的事情。其实大便就是吃饭的时候不能讲，其他时候都可以讲，不要把大便说得那么丑陋。

> 过分的压抑就会变成潜意识，就会在不知不觉当中很气愤。所以当一个人觉得气得要死而不知道是什么原因时，生气就已经变成潜意识了。

攻击不能排泄情绪，摔东西不能解决问题。但是有这种潜意识以后，人会动不动就摔东西，因为他控制不了自己。人比较容易控制有意识的部分,而很难控制潜意识的部分。但是潜意识的部分,其实比有意识的部分要多得多。就像冰山一样,人们能看到的只是上面的一小部分,冰山的大部分都隐藏在水面以下。

与当地文化相结合进行学习

大家的学习一定要与自己的文化结合在一起,否则学习了一套和社会格格不入的东西就很糟糕。我认为,文化是当时当地、大家共同孕育出来的一套"花样"。美国人有美国人的"花样",英国人有英国人的"花样",德国人也有德国人的"花样"。在中国人的观念里,滑铁卢是代表失败的,但是英国人说,滑铁卢很好,滑铁卢是胜利,因为滑铁卢代表英国人的胜利、法国人的失败。当大家接受法国人的观点时,滑铁卢就意味着失败。

文化没有好坏,只有它的特殊性,所以大家要学习。中秋节的晚上,只要是中国人,不管在哪里,一定会和朋友家人坐在一起,吃月饼、喝茶、赏月。外国人就会觉得很奇怪,为什么要在这一天搞这种活动呢?在我看来,每个民族有它不同的传统、不同的习俗,大家都应该加以尊重。

第六章

●　●　●　●　●　●　●

挖掘内心的自己，善待多变的情绪

愤怒、忧郁、难过、哀伤、焦虑、害怕，这几种情绪大家都经历过；无助感、无力感、羞愧感、罪恶感，这几种感觉大家也都体会过。如何看待它们？如何调整它们？还需要我们仔细挖掘内心的自己，客观对待多变的情绪。

●●●● 第一节　放下愤怒与忧郁，适度管理情绪

造成愤怒的两个原因

人为什么会愤怒？首先，是因为心理压力太大，自己承受不了，所以要发泄出来。在愤怒出现以前，人们常常会焦虑不安，担心很多事情，然后会感到自己受到很大的压力。愤怒的时间越长，人的表现越强烈，对自己的行为越难加以控制。很多伤害的事件，都是因为极度愤怒造成的。

其次，是权益受到了伤害。比如："明明是我的，为什么你把它拿走？""明明可以走的，为什么现在会堵车？"当一个人开车走到一条路上时，发现那边在堵车，不管别人是否竖了个牌子，上面写着"抱歉，前方正在施工，请绕行"，他都会一肚子火。是自己的东西不见了、该通的不通、本来可以的事情突然间变得不可以……人会一肚子火，一肚子火就叫作愤怒。一个人受到伤害、被别人忽略或者不被别人当一回事，都会愤怒。还有一种，别人把他看得很高他也会愤怒。比如

办一件事情，组织者说每个人出一万块钱，他就会想：别人出一万块钱是应该的，我凭什么出一万块钱？我又没有别人收入高。

只有搞清楚上述这两个原因，我们才会知道如何避免愤怒情绪的产生。

愤怒伴随着各种不同的情绪

一个人在愤怒时，会有各种不同的情绪同时出现。比如悲伤、挫折，这些感觉都会越来越浓厚。比如一个人本来是很愤怒的，结果最后会气得哭起来；有时他还会向外攻击，比如摔东西、乱骂人等。但同时他又会有一种罪恶感、一种羞耻感，觉得自己修养很差，觉得自己在大庭广众之下控制不了自己，还会害怕受到报复，等等，这是每一个人都应该有过的经历。

一个人如果无限制地发泄愤怒，那就是件很可怕的事情，就好像一只生气的老虎一样，看到人就咬；但是如果把愤怒完全压抑，最后人自己也会受内伤。最好的做法是"激不怒"。比如《三国演义》里面的司马懿，他的情绪管理是第一流的。不管诸葛亮如何激他，他都不会生气，都是笑呵呵的。

愤怒的三个真相

愤怒是拿别人的错误来惩罚自己

如果一个人明白愤怒的真相，他应该就不太会愤怒了，因为愤怒是拿别人的错误来惩罚自己。比如一个人晚上越想越气，气

150

到睡不着坐起来，但是那个给他气的人在睡大觉，他就很划不来；如果他想打电话去骂，可是那人却关机，他会更生气。做错的人没有受罪，生气的人在受罪，那就是用别人的错误来惩罚自己。如果一个人明白应该受惩罚的是别人而不是他，他就会改变。因为观念改变，行为也会跟着改变，情绪自然就改变了。

> 如果一个人明白愤怒的真相，他应该就不太会愤怒了，因为愤怒是拿别人的错误来惩罚自己。

愤怒是为了自我保护

愤怒是为了自我保护。有些公司领导经常恼羞成怒。比如他从外面回来，看到员工正在整理培训教室，就会说这里没整理好、那里也没整理好。如果他说完后员工跟他说：报告领导，这个杯子是今天课程要用的道具，那个黑板是老师交代要准备的，这些糖果是为了配合现场互动的……即使员工说得非常有道理，领导也不会笑。

他会用一种所有领导都会用的"模糊主题"，另找一件事情说员工没有做好。他会"鸡蛋里挑骨头"，故意找碴。不是他不讲理，而是他恼羞成怒了——他是领导，员工不能让领导承认自己说错话了，不然他就没有领导权威了。但是如果员工抢先在领导骂之前向他报告这里的一切情况，在领导做错以前帮助他让他不出错，领导就会非常有面子。这时候他就会说"辛苦辛苦"，而不会骂员工了。

愤怒是后悔的前奏

愤怒其实是后悔的前奏。没有人生气后是不后悔的，尤其是打破东西更后悔，因为最后还要花钱去买来赔给别人，那个叫作图一时之快，而后面是漫长的弥补之痛。所以为了减少后悔，大家就要少生气。

忧郁令人觉得不快乐

人无近忧，必有远虑

现在有一种病叫作"忧郁症"。忧郁怎么会变成一种病呢？"人无近忧必有远虑"，一个人现在没有问题，将来就会有问题，因为人只要活着就会产生问题。比如去看电影，电影里男女主角双方情投意合，"从此过着幸福、快乐的日子"，其实是骗人的。假如有续集的话，男女主人公会吵吵闹闹，最后有可能会离婚。

一个人只要活着，有一口气在，他就不可能没有问题。大家一定要有正确的观念：谁都有忧，谁都有虑，不用把它们太放在心上。这样调整观念后，人基本就不会得忧郁症了。

人会漫无目的地担心、害怕

当一个人不知道自己为什么会一直害怕、一直担心的时候，他就是忧郁了。人们为什么会忧郁？就是因为有的人喜欢自己吓自己。鬼吓人是吓不死的，人吓人会把人吓死。比如长长的走廊，如果不开灯的话，有人就说会碰到鬼。很久以前，有一个富翁家里有长长的走廊，但是他很小气，不舍得在走廊里开灯，有时佣人们在走廊里搬运东西，因为黑乎乎地看不见，会撞在一起，他们就以为是鬼，被吓死了，其实是人碰人。

越不知道的事情，人越害怕；同样，越黑暗的地方人越害怕，越陌生的地方人越担心。在家不怕小偷，出外怕鬼。为什么在家不怕小偷？因为门窗都锁好了；出来为什么怕鬼？因为不知道自己住的旅馆到底死过人没有。

忧郁如果在思想上、情绪上、行为上和生理上都产生越来越多的负面作用的话，那人就真的病了。他会整天担心、害怕，比如没有事情，他也会惶惶不可终日；吃得好好的，他也会怀疑东西里有没有毒，等等。自己不敢放心，那他的日子就不会过得很好。

如何克服忧郁

找出真正忧虑之所在

人一定要了解自己的忧郁是从哪里来的，找出真正忧虑之所在。不知道自己为什么忧愁时，可以拿一张纸出来，拿笔写下来自己可能会忧虑的东西。如果忧虑自己会得癌症，那就去医院检查；如果忧虑别人抢自己的财产，那就想办法把贵重的东西存到银行里……当一个人把很具体、很明确的会忧虑的事情列举出来以后，再去解决，他就没有忧虑了。所以大家要深入去分析，看自己到底怕什么、担心什么，把它找出来，能解决的就解决，不能解决的就顺其自然，看事情如何发展。

挖掘事情的正面意义

任何事情都有两方面的意义。比如一个人不舍得吃某样东西，把它放到冰箱里面，结果后来忘了，等他想起来时，发现那食品的保质期已经过了，他会觉得很划不来，"好好的东西变成这样了"。其实，这些都是负面的想法。如果他用正面的思想告诉自己："放在冰箱里我就少吃了，正好可以减肥。"这时把食品丢掉他也不会伤心了。所以，大家不要总是用负面的思想来想每一件事情，那样会觉得什么都是坏的。

中国人有句老话叫作"宁可信其有，不可信其无"。比如"世界末日"的说法，大部分人会选择相信，因为相信有世界末日，大家才会提高警觉，好好去防范。所以，我认为，对那种没有办法去证明的事情，大家最好抱着"宁可信其有，不可信其无"的态度。就像有些人"碰到"菩萨时，会去跟菩萨"打个招呼"，其实也是这个道理：我相信有，我不得罪你，因为我得罪不起；但是我不会迷信你，因为到底有没有菩萨我也不知道。这就是很多中国人的态度。

把注意的焦点转向内在心灵

> 每个人都要提醒自己，不要长期把焦点注意在那种使自己担心、害怕的地方，其实只要一转移注意力，人就会把那些地方给忘记。

每个人都要提醒自己，不要长期把焦点注意在那种使自己担心、害怕的地方，其实只要一转移注意力，人就会把那些地方给忘记。有病要忘病，病才会好；没有病，想也会想出病来。

如果一个人经常想着"我这么累，可能我的肝已经不行了""那么多人得肝病，我大概也逃不了"。那他就会真的得肝病，因为是他的心要他得肝病的。

当一个人把好与坏合在一起想时，他就没有什么好与坏的观念。现在很多人讲双赢，即"你赢我也赢"。但是真有双赢这种事情吗？世界上的事情是有赢就有输的，不可能双赢。有些人只相信没有输赢，不相信双赢。有些地方这个人吃亏，有些地方这个人占便宜；有些地方那个人吃亏，有些地方那个人占便宜。如果两个竞争对手都占便宜不愿吃亏，那就是买他们东西的顾客倒霉了。

大家必须要好好地整理自己的观念，否则即使一天到晚讲情绪管理也做不好。因为人的观念不正确，情绪就不可能稳定。

案 例

楼上住着一个富翁，楼下住着一个皮鞋匠。楼上的富翁整天垂头丧气；楼下做皮鞋的人，整天都唱歌，快乐得很。楼上的富翁就想他那么穷还那么快乐，自己这么有钱为什么还这么苦恼？富翁的朋友就告诉富翁把钱送给楼下做皮鞋的人，做皮鞋的人就不会唱歌了。

于是富翁就送了一大堆钱给楼下的那个人，果然，楼下做皮鞋的人从此不再唱歌了，因为他天天在想拿这些钱怎么办、该怎么处理，晚上睡觉都睡不着。而富翁没有了那些负担，所以整天都很开心。

丢掉与不丢掉合起来想，有和没有一样，没有和有一样；说了和没说一样，做了跟没做一样，这是最好的生活方式。

而且做人做事一定要合理，不然很多人都会没办法和别人相处。如果一个人认为生活有时候很明确、有时候不明确，有时候叹叹气、有时候开开心，有时候这样、有时候那样，都是很正常的，那么他就不会忧虑。

●●● 第二节　正视难过与哀伤，激发适应性

难过是一种普遍情绪

难过是种非常普遍的情绪，每一个人多多少少都曾经有过。难过的时间有时候很长，有时候很短；难过的程度有时候很强烈，有时候很微弱。一个人无法和亲人见面时，会觉得难过；一个人很受重视，老板有事情常常跟他商量，但是不知道什么原因突然间被冷落了，他会开始难过；一个人很有把握做好的事情，结果却没有做好，他也会难过……

外国人见了面就很热烈地又握手又拥抱，而中国人不会这样。外国人道别时的样子就好像从此再也见不到了一样。在中国人看来，一个人只有从此不见面，才会那么慎重，一而再再而三地道别。

如果马上要见面，赶快告诉彼此就可以走了，甚至不用说就可以走了。没有到生离死别的程度，居然有生离死别的样子，那是一种不祥之兆。当你要和一个人道别时，你突然间很难过甚至想哭，你会觉得伤心，这就是不祥的征兆，表示从此不会再见面了。

难过经常与其他情绪交互出现

难过经常与其他情绪连在一起，比如愤怒、害怕、羞耻等，它们会交互出现。

难过可以变成一种有用的情绪

难过也可以变成有用的情绪，它不完全是坏的。当一个人很难过的时候，他可能就会很认真地去做事情；当一个人很难过的时候，他就会珍惜眼前的机会；当一个人很难过的时候，他就会改变他的态度……有利必有弊，有好就有坏，一切都要看人自己怎么去看待这些问题。比如一个人家里面有长辈过世了，大家经常会劝他节哀顺变，因为一直在那里哭也没有什么用。

大家应该要懂得适度的转化，去体会先人的遗志，完成先人没有完成的事情，因为帮先人完成一件事情肯定比天天哭要好。很多中国人只有清明和死者忌日的时候才去扫墓，而不是想到过世的亲人就去扫墓。清明不去扫墓不可以，常常去扫墓也不可以，它有个合理的程度。对祖先要怀念，但是不能永远活在对祖先的怀念当中。

难过不必负任何责任

难过是不会产生任何责任问题的，而其他的情绪则会。所以，当一个人难过时人们应该很高兴才对：他今天会难过，就表示他有羞耻心；他最近会难过，就表示他很珍惜这个机会；他这个人会难过，就表示他有责任感。

难过常成为一种禁忌，不能表达

人们难过的时候，经常受到压抑，不敢表达。因为人们从小就有一些禁忌，好像表达出来就是不对的。有一句话叫作"男儿有泪不轻弹"，就是说男人掉眼泪是很丢脸的事情，所以即使想哭也得忍住。但是现在有一种新的说法，说男人也要掉眼泪，因为"不轻弹"是不轻易流眼泪，而不是不流眼泪。

很多人的事业是哭出来的，很多的机会是哀求出来的，愿不愿意流泪是人自己决定的，不能说对也不能说错。但是如果有眼泪就往肚子里吞，怕丢脸、怕麻烦，装作没事一样也不好，偶尔为之还可以。有人实在忍不住了，就关起门来痛哭一场，然后出来跟没事一样。这种调剂对眼睛好，对身体也好。

人们应该要记住：长期的隐藏难过对身体是不好的，应该适当地让它排泄。因为长期的隐藏、忍住会变成无力感，而无力感再下去就变成无助感，最后自己会救不了自己。

人们应该要记住：长期的隐藏难过对身体是不好的，应该适当地让它排泄。因为长期的隐藏、忍住会变成无力感，而无力感再下去就变成无助感，最后自己会救不了自己。

哀伤与难过的关系十分密切

哀伤与难过的关系其实十分密切。原来是这个人的事情，现在不让他做了；原来很珍贵的东西，现在被偷了；原来这个机会是他的，结果被别人强占了……这些都会让人哀伤。照照镜子，看到自己一年比一年老，人会哀伤；亲人失踪或去世，人会哀伤；有人喜欢养狗，狗死了，他也会哀伤。

另外，一件使人懊恼的事情发生了，使人愤怒的事情发生了，或者使人痛恨的事情，使人内疚的事情……都会让人难过、哀伤。如果碰到预料之外的灾难，比如空难，死了几百个人，那几百个人的家人，都会伤心欲绝……不管是自然的还是意外的伤亡，都会使人难过、哀伤。

哀伤是疾病的主要原因

哀伤是疾病的主要原因，因为哀伤这种情绪不只会让人的心灵受到伤害，它还会让人的身体受到严重的伤害。比如胃痛、失眠、暴饮暴食、食欲不振、注意力不集中，这些都可能是哀伤所造成的。

有一句话叫作"哀莫大于心死"，当一个人心都死了的时候，他是活不久的。一个真正哀伤的人，他是哭不出来的，如果还哭得出来，就表明他还不够哀伤。如果他会接受旁人的支持、旁人的安慰，就表示他还正常，如果不接受的话就表示他哀伤得过分了。如果哀伤过分的话，人就要自己走出来，别人是帮不上忙的。

发泄情绪要适可而止

对于一切情感，大家不要去控制、压抑它，而要让它自然地发泄，但是要"适可而止"。

对于一切情感，大家不要去控制、压抑它，而要让它自然地发泄，但是要"适可而止"。一个人可以发脾气，发了以后他就觉得自己很好笑，发得差不多了，他就不会再发了。而且如果一个人真的喜欢发火，那他最好还是学一套"救火""灭火"的本事。既然敢骂人，他就要会去安抚那个被骂的人。如果他不会安抚人就骂人，所有人都会怕他，都会躲得远远的，最后弄得他无人可骂；如果一个人骂了人，而且知道自己有责任收拾这个残局，不能一走了之，他就会承担骂人的后果。

所以，如果一个人很会当老板的话，他骂完员工以后，会私底下叫员工来，鼓励鼓励，安慰安慰，说刚才其实不是骂他，是骂别人……他会让员工自己去平复。当他在外面捧员工捧得很高的时候，在私底下他会把员工叫进办公室，然后给员工脸色看，意思是说：你不要骄傲，我刚才只是给你面子，你不要以为是真的。如果领导在外面骂员工，私底下又给他脸色看，那员工肯定会和领导分裂的；如果领导在外面捧员工，私底下也很尊重他，那员工就会自信心膨胀，开始把领导架空，喧宾夺主。

160

●●● 第三节　莫要焦虑与害怕，一切顺其自然

焦虑是一种复杂的情绪

　　如果你是一只猴子，被关在动物园里的时候，你会觉得自己是自由的还是不自由的？其实，在动物园里，那个猴子也挺自由的，可是再自由，也还是被关在笼子里，只不过笼子比较大而已。但是一个人活着又有多大的自由？你能够想出国就出国吗？不行。你能够想去太空就去太空吗？也不行。有一个人想到美国，结果签证官不让他去，说他太有钱了，因为太有钱去了可能就不回来了。

　　如果你认为自己自由，那你就很自由，海阔天空；如果你认为自己不自由，那你就真的没有什么自由。比如你要上班，你有自由吗？公司就给你一个位子，你能乱坐吗？下班回家，你能跑到别人家里面去吗？你选择自由你就很自由，你选择不自由你就很不自由，这一点很好证明的。

　　比如你每天早上起来都说"好累"，你就一整天都会很累；你每天早上起来都说"精神奋发"，你一整天都会很奋发。一切事情都是人自己想出来的，都是人自己的选择。同样，选择害怕，人就天天感觉到不安全；选择焦虑，人就会天天感觉到压力很大。

焦虑是自己选择的

焦虑是自己选择的，一个人选择紧张、选择不安、选择焦急、选择忧虑、选择担心、选择恐惧，都会造成焦虑。一个人要想不安，会越想越不安。"我这单生意能不能完成，完成以后能不能收到钱，给了钱以后，别人会不会反悔，要退货……"没完没了，谁都控制不了。想事情要适可而止，不能不想，但也不必多想。一个人如果顾虑太多，他会一事无成；一个人如果完全不顾虑，那他是鲁莽。

> 一个人如果顾虑太多，他会一事无成；一个人如果完全不顾虑，那他是鲁莽。

人可以选择不相信，也可以选择相信；可以选择冒险，也可以选择保守；可以选择很愉快，也可以选择很痛苦。如果选择焦虑，你就会越来越焦虑；如果选择害怕，你就会越来越害怕。一个老板要相信自己的中层经理人，要坚信这些中层领导是经过自己长期考验的，如果连他们都不能相信，那就没办法开展工作了。

大家到成都会发现，很多成都人大部分时间在打麻将、喝茶，日子照样过得很好。所以大家可以选择慢悠悠的、不慌不忙的生活，也可以选择拼命的生活。

如果妻子常常觉得丈夫有外遇，天天觉得他会变心，那这两个人肯定不能幸福地过日子；如果一个人天天看镜子，总在说自己又老了，那日子也不会过得舒心；如果一个司机开车上高速公路的时候，总怕有车子从别的车道冲过来，连分车道也不相信，他就不会安心开车。一切是无常的，但是最起码大家要认为大部分事情是"相当的有常"，你要学会去选择相信"有常"。

人们觉得不能控制

人们害怕失去爱，害怕受伤害，害怕被排斥，害怕突然间产生意外，而这些都是无法控制的。但是天无绝人之路，船到桥头自然会直，老天不会不给你饭吃的。

人们所能控制的事情并不多，小事情可以控制，大事情很少能控制得了。比如夏天下冰雹，人们不能控制；泥石流什么时候下来，人们也不能控制。

案　例

有人为了能控制自己将来的生活，就去算命，结果算到某月某日自己会有意外，是血光之灾，很危险。于是他就把自己关在卧室里面，窗子统统关上，然后坐在床上不下来，他以为那样他就不会摔跤、不会流血了。结果有一天他墙上挂着的相框掉下来，砸在他脑袋上，他流血了。

该来的躲不掉，这不是说明算命的人算得准，这其实是这个人自己的选择，他自己选择待在屋子里被相框砸。如果他算完命后，想的是"他算他的，我做我的，我不相信他，他就不准，我相信他，他就很准"的话，就不会被相框砸了。一个人情绪不安宁的时候，最容易发生意外，因为他的注意力分散了。

大部分焦虑源自害怕失败

每一个人都害怕失败，因为从小大家就感觉到失败是很可怕的。在一些"大事"面前，很多人事先都会紧张不安。比如一个人第一次上台讲话之前，他心里会忐忑不安；或者第二天有一单大生意要谈，他头天晚上就开始喝酒麻醉自己，因为他很怕万一成交不了，会让别人看不起。一个人最好没有"得失心"：得就是失，失就是得。如果这批货卖出去了，他就赚到了钱；这批货卖不出去，他存起来说不定货会涨价，赚更多的钱。人要自己去造成对自己有利的结果，而不是听天由命。

焦虑和忧愁是连体婴，表现了人们对未来的一种无助的感觉。未来，人不能控制，未来会怎样大家也料想不到，所以人会患得患失，焦急然后忧愁。其实，未来是会变化的，跟那些变化的东西较什么劲呢？未来是不可控制的，还能强求什么呢？

害怕是一种自然反应

害怕是一种自然反应，大家也不需要"害怕"害怕。害怕是对的，害怕是人对不可知的、不了解的、掌握不了的事情的一种很自然的反应。

当人害怕的时候，最好的办法就是问问自己到底在害怕什么。当一个人找到具体的目标，并进一步去了解自己为什么害怕或者以后怎么保护自己时，他自然就不会害怕了。

害怕可用来保护人类自己

害怕有它的好处，就是会保护人类自己。小孩刚开始学走路时，不太敢走，他要扶着东西才敢走；小孩喜欢爬，爬到沙发上以后，他会抓得紧紧的，要下来的时候会慢慢一点一点地下，一直到脚踩到地，他不会一下子跳下来。这样的小孩，家长就不用太担心，因为他是聪明的，会保护自己。如果一个小孩不害怕的话，不牵他他就要走，马上就会摔跤，很可能会把手、脚摔坏。

小孩如果什么都不怕的话，家长真的要很担心。聪明的小孩，别人同他讲什么话，他也不会马上回答，他会看看他妈妈的意思再作反应。但是现在，大家都鼓励小孩要外向，别人和他说话，他也要和别人说话，他要勇敢地表现他自己，结果很可能会被人贩子骗走。

"天不怕地不怕"的人最可怕，当他什么人都不怕的时候，所有人都会怕他。但是中国有句老话叫"抬头三尺有神明"，其实就是告诉那些人，要让自己有一点界限、有一点自律、有一点害怕、有一点恐惧，他们才不会乱来。什么都不怕，人会无法无天；什么都怕，人会止步不前，没有什么大出息。

案 例

有人害怕飞机会掉下来，不敢坐飞机，所以他从来不敢到外面去旅游，因为他看到飞机就恐惧。其实一天有很多飞机在空中飞，但是他就是不敢坐飞机，别人给他出旅费他都不敢坐，那他的损失真是太大了。

盲目的害怕是错的，适当的害怕是会很安全的，过分的害怕会伤害人的生理和心灵。为生命害怕、为安全害怕是很正常的，只要不过分，大家就不足以焦虑。

● ● ● 第四节 甩掉无助感与无力感，重获力量

无力感是沮丧的表现

造成沮丧的因素有三个：第一，看不起自己，因为到处都碰壁，做事情不如意，就会慢慢贬低自己；第二，自贬之后就会慢慢可怜自己；第三，会可怜别人，其实对自己可怜跟对别人可怜是一样的，只有可怜人会可怜别人。

大部分人都知道什么叫作无力感，就是当一个人碰到困难的时候，他还有想要突破的意愿，只是感觉到无能为力，想做但是好像力不从心、很难去突破。无力感会让一个人感觉非常泄气、沮丧。造成沮丧的因素有三个：第一，看不起自己，因为到处都碰壁，做事情不如意，就会慢慢贬低自己；第二，自贬之后就会慢慢可

怜自己；第三，会可怜别人，其实对自己可怜跟对别人可怜是一样的，只有可怜人会可怜别人。

有的人因为达不到目标，就开始怀疑自己的能力，是自贬；有的人遭遇到重大的痛苦，就开始自己可怜自己，是自怜；看新闻的时候，有的人会想，这么多人没有饭吃怎么办，会怜悯别人，但是他也没有办法去解决，就会产生无力感。人们在职场里面经常会碰到无力感：你想做好没有办法，你有好意见老板听不进去，你可以好好表现但是老板不给你机会……

最好把消极转为积极

找出沮丧的真正原因

你一定要把让自己泄气的真正原因找出来，并找到积极的解决方法。

有很多小孩子不会打算盘，他会感到自卑。这个问题怎么解决？有两种方法：第一，他以后不打算盘；第二，他多去练习，朝这方面发展。而不是整天在那里自卑，好像自己不会打算盘，就表示算术也不好、历史也不好一样。

把自我贬抑改成自我充实

把自我贬抑变成自我充实、自我提升。一个人与其贬低自己的能力，还不如想办法去充电，提升自己的实力，用不着一天到晚羡慕别人。一个人勇敢地承认自己不如别人，就不是自贬。

案 例

在《三国演义》中，司马懿其实是属于情商很高的一类人，这是他的优势。诸葛亮可以气周瑜、气曹真、气王朗，但是却气不了司马懿。诸葛亮取"巾帼并妇人缟素之服"，放在一个大盒子里，并修书一封，派人送到魏营，嘲笑司马懿是妇人不是大丈夫，期望激怒司马懿，以便在祁山与其开战。但是司马懿在使节面前不但没有表示怒意，反而面带笑容，向使节打听诸葛亮的饮食起居。

诸葛亮求战不得，退缩的话又会被嘲笑，结果反被司马懿气病了。其实，司马懿所受侮辱的程度比周瑜、曹真和王朗有过之而无不及，因为一个男人被人嘲笑为"妇人"，是很丢脸的事情。

同样一个诸葛亮，为什么一方面会气死周瑜，一方面又被司马懿气病？因为他没有办法化解自己的问题。司马懿说："诸葛亮真乃神人，吾不如也！"不管是真心还是假意，他表现出了一种比较豁达的风度，认为诸葛亮比自己厉害，自己输给他没有什么丢脸的。

孔子说"三人行，必有我师焉"，每一个人都有比自己更好的长处。孔子说自己种田不如农夫，打猎不如猎人，但是讲道理讲得过别人，也就是说人各有所长各有所短。

人除了不自贬，还要积极提升自己的能力，自我充实。比如吕蒙，他原来是不认识字的，可是后来却很有学问了。因为有一次孙权说吕蒙很会打仗，但是写出来的字很难看，讲出来的话没几句是有学问的，不像个将军。吕蒙刚开始说自己太忙，没有时间读书，他有无力感。孙权就说自己比他还忙都有时间读书，还说曹操那么厉害也天天读书，吕蒙就去读书了。读了没多久吕蒙的学问就做得很好了，写字写得很像样。所以大家诧异一个人能力提高得快时，经常会讲"学识英博，非复吴下阿蒙"。

把怜悯别人改成有效协助

人要很快改变自己，不要天天在那里可怜自己、贬低自己，或者可怜别人。整天可怜别人对别人也没有帮助，应该做的是给他有效的协助，而不是同情他、取笑他，更不是可怜他。中国人同情弱者但并不同情可怜的人，是有道理的。

力不能及可诉诸能人

自己做不到的事情，可以委托能人

假定一个人能力不足，他可以请比自己能干的人来做事。比如一个老板用比自己能力强的人，他是好老板；如果他所用的人都不如他，那他的公司迟早会关门。自己做不到的事情，可以委托别人做，照样可以完成它。比如一个人现在要做电脑生意，这部分他不会做，可以委托别人做，那部分不会做，也可以外包，但他还是在做电脑行业。只要找对人，把事情都搞清楚，什么都可以做。即使一个人什么都不懂，只要他懂得如何用人就可以了。

个人有不同专长，不必苛求自己

每个人都有自己的专长。比如老板，假如他什么都不懂，但是他会很放心地把工作委托给合适的人，那么他照样可以赚钱。很多老板只要心胸宽广、眼睛会看人，只要舍得与别人分享、不独吞，他是可以不要什么学问的。一个人最好不要苛求自己样样都懂，因为那是不可能的事情，并且会给自己太大的压力。比如打字，有的人打字快，有的人打字慢；打字快是第一个人的专长，但第二个人也不会自卑，因为他写字的速度比第一个人打字的速度还快。人各有生存的条件和能力，谁也不用羡慕谁。

> 一个人最好不要苛求自己样样都懂，因为那是不可能的事情，并且会给自己太大的压力。

对自己要求不必过高

每个人对自己要适当要求，要求自己每天有一点点进步就好。就像一个人去爬楼梯，如果那个台阶矮矮小小的，他很快就会爬上去，也不会感到累；如果楼梯一级一级非常高，那爬起来就会很累。大家不必要求自己马上就会爬上去且不感到累，日有寸进，不必强求，也不要苛求，一切顺其自然。这样的话人就不会有什么无力感。

无助感是环境造成的

无助感是一个人碰到了太多挫折，他连突破的愿望都没有了，安于现状，无力感久了以后就会变成无助感。如果一个人有了无助感，就会连自己有机会、有能力做到的事情都不做了，而如果一个人"不想"做事情，那是很麻烦、很可怕的。

> 无助感是一个人碰到了太多挫折，他连突破的愿望都没有了，安于现状，无力感久了以后就会变成无助感。

案 例

　　如果把一条狗关在一个笼子里面，它刚开始一定会撞来撞去，想跑出去。但是它到处碰壁，慢慢就会有无力感。等到有一天，它就躺在那里动也不动，甚至把门打开它都不会出来，这就说明这条狗有了无助感。

　　无助感大部分是环境造成的。当爸爸管得太严，当妈妈要求自己的孩子每次都考一百分的时候，孩子就会有无助感。他有那个能力，他也不想动，因为他不可能一下子考一百分，也不可能次次都考一百分。其实家长可以设一个"进步奖"，孩子现在考二十分没有关系，他下次考二十五分家长就给他奖励，他会很有动力继续学习，一次比一次有进步，到后来可能比别人的成绩都好；如果你让他一下考六十分、七十分，他也会有无助感，因为他觉得差距太大，自己做不到。

无助感代表逆来顺受

　　无助感代表一种很可怕的心情，叫作逆来顺受。逆来顺受有时候好，有时候不好。合理的逆来顺受是好的，可以促进彼此的关系，但是如果用得太过分了就不好。过分的逆来顺受会让人完全没有突破困境的决心，没有勇气也没有行为，整天只能坐在那里等，什么都不敢做。

不幸的经验造成无助感

无助感不是天生的，而是不幸的经验积累而成的。如果把一只老虎关在一个通电的笼子里，刚开始它会想要逃跑，但是总会被电到，被电了几次之后，它就会乖乖地很听话，即使笼子里没有通电它也会很听话，因为它已经知道自己无能为力，就不想再反抗了。

人如果也到了这个地步，就会毫无作为，会完全放弃自己的想法，明明可以做的也不想做了。以前狗急了还会跳墙，但是如果它有了无助感，再急也不会跳墙，因为它不想跳了。同样，当一个人心灰意冷到了完全没有一点动力的时候，是很可怕的。

觉得成败不由自己掌握

人们常常感觉到成败完全是老天在做主，不是自己做主。当一个人一分耕耘却没有半分收获的时候，当他再怎么努力也是枉然的时候，他会觉得一切都是无常，眼前是无助，未来是无望，觉得什么事情自己都做不了主。

那到底是谋事在人成事在天，还是谋事在天成事在人？其实这两种说法都对：小事情是谋事在人成事在天，大事情是谋事在天成事在人。在我看来，做大事的人一般都没有自我、没有理想、没有使命，否则做不了大事。一个人有理想、有抱负、有计划，只能做小事而已。计划是需要的，但真正的大事是谁也计划不了的。

中国人说得很清楚：小富由勤。即一个人如果很勤劳、很节俭，他就可能变成中产阶级了。但是"大富由天"，一个人要成为非常有钱的人，既要靠自身努力，也要看运气。如果每一分钱都是人辛辛苦苦赚来的，他这辈子都不可能成为大富翁，最多能达到小康水平。

无助感最好是预防而非治疗

无助感是很难治疗的。人一旦进入无助感的状态，谁都救不了，自己也很难救自己，除非经过很长时间、很用心的再教育，否则很难改变。所以大家要趁自己还没有无助感的时候预防。

事先怎么样才能够预防呢？首先，不要对自己要求太多，也不要对自己要求太苛刻。一个人如果认为"大事情自己是管不了的"，其野心就不会那么大。即使大事情到了自己头上，他也会很冷静，不会去逆着自然做事情，会顺其自然。

其次，人一旦发现自己有无力感的时候就要特别提高警觉。想想自己为什么有无力感，因为无力感积累起来就会变成无助感，人有了无助感就没救了。

有的人做什么事情都觉得自己未老先衰、力不从心、想做做不到、野心很大、成就很小。这是为什么？因为企图心太强，企图心太强也会造成无力感。运动员的有效寿命都不会很长，就是因为太要强。比如打篮球，一个人打到某种程度就要退下来，不能再打了，做观众就行。一个人很会游泳，但是能游到什么时候？一个人一生当中能够参加两届奥林匹克运动会，他作为运动员的有效寿命一般就结束了。

"哀莫大于心死"，无力感与无助感都会给人造成很大的麻烦，所以大家要时常保持积极的心态来面对生活中的各种问题。

● ● ● 第五节　适度的羞愧感与罪恶感，助人成长

羞愧感具有内在驱动力

羞愧感和罪恶感也是每个人多多少少都会有的情绪。羞愧感最强的是日本人，日本的文化叫作"耻"的文化。如果要求中国人和日本人一样，那是做不到的，因为中华文化一再要求"无过无不及"，即做事情不要太过分了。中国人失败了之后，会说"东山再起""重新来过""下次好好表现""把以前的羞耻洗刷掉"……这是非常积极的。

一个人有羞耻心才有救，而羞耻心就是爱面子。很多人说爱面子是不好的，但是如果一个人连面子都不爱，那这个人就真的没救了，他会觉得什么都无所谓，什么都不在乎。

如果一个人自以为是、得意忘形，他是没有羞耻感的。一个人在得意的时候，经常是忘形的，但是他不得意的时候，就会很拘谨，就很担心做错事情。所以当事情进展得很顺利的时候，大家就要格外小心；当事情进展得不顺利的时候，反而不需要那么小心。

羞愧之心是每个人都有的，它是个很好的内在驱动力，它会提醒人们要知错就改，不能老是让别人看不起。这样人们就会开始积极地去改善自己，积极地去调整自己和别人的关系，然后使大家彼此更和谐。

> 羞愧之心是每个人都有的，它是个很好的内在驱动力，它会提醒人们要知错就改，不能老是让别人看不起。

羞愧感是从父母、师长处获得的

羞愧感不是天生就有的，而是从后天的教育中得到的，是父母、师长给的。大人常常会跟小孩子讲：你这样做别人会看不起你，这样做会丢父母的脸。这就是在加强小孩子的羞愧感。

一个孝敬父母的人，他的孝心不是表现在拿钱给父母花上面，而是表现在"不丢父母的脸"上面。所以，很多真正孝顺的人在外面常常会顾虑到父母的脸面。一个人想偷别人的东西又不敢偷，一方面是怕违法，被警察抓去，另一方面就是"怕丢父母的脸"。父母在自己孩子小的时候就说：你在外面做什么都可以，就是不要丢父母的脸，我这个脸丢不起。"怕丢父母的脸"这个力量比什么都大。这种情绪管理，是要一代一代传下去的。

过重的羞愧感很不好

"觉得自己没有用，觉得自己不可爱，觉得自己一文不值……"如果有人有这种想法，那就说明他的羞愧感太重了。"天生我材必有用"，一个人再笨，也一定有自己的长处，只要发挥自己的长处就好了。

不愿意向别人求助，也不愿意表达自己的困惑，就这样一直拖下去，也说明这个人羞愧感太重了。其实不会的请别人帮忙，没有什么丢脸的；不懂的向别人请教，也没有什么不对。如果你肯接受别人的帮忙，但又不会长期依赖他，你学习完别人的方法以后就会好好去做。但是很多人就是觉得不能让别人帮忙，那他永远不会长进。他只会不断地责备自己，不断地看不起自己，但这一切都是他自己的选择，他选择把自己放在一个过度羞愧的地步，别人也没办法帮他。

罪恶感有三种感觉

罪恶感有三种感觉。第一种感觉是"我做错了，我是个低贱的人"。为什么做错事情就低贱？做错与低贱有什么关系呢？第二种感觉是"我绝对不应该这样做，因为我这样做，就已经证明我不是好人"。这个与好人坏人没有什么关系。第三种感觉是"我已

176